高等职业教育"十三五"规划教材（电子信息课程群）

Photoshop 项目实战

主　编　高元华　徐　燕　芦　婷

副主编　赵　茜　张行操　邱洪涛　彭琦伟

中国水利水电出版社
www.waterpub.com.cn
·北京·

内 容 提 要

本书采用简洁明了的阐述方式，逐步介绍了基本工具的使用、图层、文字应用、图像处理、图像色彩调整、蒙版和通道、滤镜应用、综合实例制作。每个章节均对相应的知识内容进行了详细的解释，并进行了案例的解析。

本书既可作为 Photoshop 培训教材，也可作为高职、高等院校学生的自学教材和参考资料。

本书配有素材文件，读者可以从中国水利水电出版社网站以及万水书苑下载，网址：http://www.waterpub.com.cn/softdown/ 或 http://www.wsbookshow.com。

图书在版编目（CIP）数据

Photoshop项目实战 / 高元华，徐燕，芦婷主编. --
北京 ： 中国水利水电出版社，2018.8（2019.9重印）
高等职业教育"十三五"规划教材. 电子信息课程群
ISBN 978-7-5170-6583-8

Ⅰ. ①P… Ⅱ. ①高… ②徐… ③芦… Ⅲ. ①图象处
理软件－高等职业教育－教材 Ⅳ. ①TP391.413

中国版本图书馆CIP数据核字(2018)第138039号

策划编辑：杜 威　责任编辑：张玉玲　加工编辑：王玉梅　封面设计：李 佳

书　　名	高等职业教育"十三五"规划教材（电子信息课程群） Photoshop 项目实战 Photoshop XIANGMU SHIZHAN	
作　　者	主编 高元华 徐 燕 芦 婷 副主编 赵 茜 张行操 邱洪涛 彭琦伟	
出版发行	中国水利水电出版社 （北京市海淀区玉渊潭南路 1 号 D 座　100038） 网址：www.waterpub.com.cn E-mail: mchannel@263.net（万水）　　　　　 sales@waterpub.com.cn 电话：（010）68367658（营销中心）、82562819（万水）	
经　　售	全国各地新华书店和相关出版物销售网点	
排　　版	北京万水电子信息有限公司	
印　　刷	雅迪云印（天津）科技有限公司	
规　　格	184mm×260mm　16 开本　9.5 印张　216 千字	
版　　次	2018 年 8 月第 1 版　2019 年 9 月第 2 次印刷	
印　　数	3001—6000 册	
定　　价	45.00 元	

本书编委会

主　　编　　高元华　徐　燕　芦　婷

副主编　　赵　茜　张行操　邱洪涛　彭琦伟

参　　编　　冯苗苗　汤胜华　刘又嘉　高　旺

　　　　　　肖　慧　尹　艳　李　红　刘春华

　　　　　　刘　芸　陈　环　鲁梦竹　李凤林

前　　言

　　本教材作者团队由教学经验丰富、行业背景深厚的高职院校一线"双师型"教师和知名企业专家共同组成，教材内容注重和职业岗位相结合，遵循职业能力培养基本规律，以工作岗位需要为依据，注重实用技能培养、采用真实商业项目驱动、突出创意设计训练，学习体验时尚前卫。同时，本教材根据国家职业资格考试要求，突出实际、实践等高职教学特点，妥善处理能力、知识、素质全面协调发展的关系，着重培养学生的综合职业能力。

　　感谢湖北省教育厅、湖北省教育科学研究院的厚爱和支持。《Photoshop 项目实战》的编写是为了完成 2017 年湖北省教育厅教育科学规划专项资助课题"立足产教融合型实训基地，提升职业教育社会培训功能的探索和研究"（编号为 2017GB182）的研究，而且还是湖北省教育厅 2017 年教育科学规划专项资金项目研究的结题之作。同时《Photoshop 项目实战》还是 2012 － 2014 年湖北省教育厅职业技术教育研究中心的专项资助课题"基于新媒体技术在'影视特效制作'课程的数字化资源整合开发"（编号为 G2012B057）的研究成果。

　　本书由高元华、徐燕、芦婷任主编，负责全书的统稿、修改、定稿工作。在本书编写的过程中，非常感谢赵茜、张行操、邱洪涛、彭琦伟等提出的良好建议，还要感谢学生陈红林、雷志江、黄超、黄硕、张群等，他们都参与了我们许多项目的设计工作，祝愿他们在以后的工作和生活中一切顺利，并取得更大的成绩。

　　由于编写时间仓促，编者水平有限，书中疏漏和不妥之处在所难免，欢迎广大读者和同行批评指正。

编　者
2018 年 5 月

目　　录

绪论 初识 Photoshop CS6

一、Photoshop CS6 简介

Photoshop CS6 是 Adobe 公司推出的一款非常优秀的图形图像处理软件,曾被业界认为是 Adobe 产品史上最大的一次升级。Photoshop CS6 继承了前期各版本的优点,同时又新增了许多功能,整合了 Adobe 专有的 Mercury Graphics Engine 设计开发引擎,可帮助用户更加精准地完成图片编辑;为用户提供新的选择工具和全新的软件 UI,方便用户抠图等操作,用户可完全创造属于自己的标准网页;允许用户在图片和文件内容上进行渲染模糊特效,提供了一种全新的视频操作体验;为摄影师提供了基本的视频编辑功能,同时在指针、图层、滤镜等各方面也发生了不同程度的变化。

因此,Adobe Photoshop CS6 深受广大平面设计人员和电脑美术爱好者的喜爱。它给设计爱好者提供了广阔的创作空间,是一款集图像扫描、编辑修改、图像制作、广告创作、图像输入与输出于一体的图形图像处理软件,因此目前 Photoshop CS6 广泛应用于广告、出版、摄影、企业形象设计等领域。

如图 1 所示是 Photoshop CS6 在各行业中的一些典型应用实例。

图 1　Photoshop CS6 在各行业中的应用实例

二、Photoshop CS6 操作界面

选择【开始】→【程序】→【Adobe Photoshop CS6】命令，或单击桌面上的 Adobe Photoshop CS6 快捷按钮，启动 Photoshop CS6 后，即可打开操作界面，如图 2 所示。

图 2　操作界面

1. 菜单栏

菜单栏中有 11 个菜单，每个菜单都带有一组命令，用于执行 Photoshop CS6 的图像处理操作。

2. 属性栏

属性栏用于显示当前所选工具的相关选项。通过对选项参数的设置，可以更改工具应用效果。对于不同的工具，属性栏中的选项完全不同。

3. 工具箱

工具箱中包含 40 多种工具，要使用某种工具，单击该工具图标或者按下相对应的快捷键即可。

4. 面板

不同面板的功能有所不同。可以根据需要对面板进行编组、堆叠或停放。

5. 状态栏

状态栏位于图像窗口的底部，主要用于显示图像处理的各种信息。

6. 图像窗口

图像窗口是用来显示图像的区域，也是可以便捷地处理图像的区域。

三、工具箱

1. 工具箱的切换

工具箱的切换是 Photoshop CS6 的新增功能，为了制作图像时拥有更宽阔的空间，工具箱可以双栏、单栏相互切换，单击工具箱上部的"⏪"按钮，可以完成切换，如图 3 所示。

图 3 工具箱的切换

2. 认识工具箱

Photoshop CS6 的工具箱中的工具如图 4 所示。

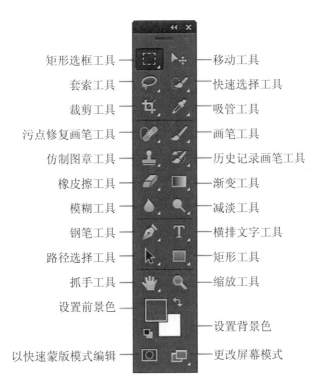

图 4 工具箱中的工具

3. 隐藏工具

工具箱中，多数工具的右下角都有一个黑色的小三角"▲"标记，表示在该工具下还有隐藏的工具。单击工具箱中右下角有小三角的工具按钮，并按住鼠标左键不放，就会弹出该工具的隐藏工具；或右击有小三角的工具按钮，也会显示出该工具的隐藏工具，如图 5 所示。

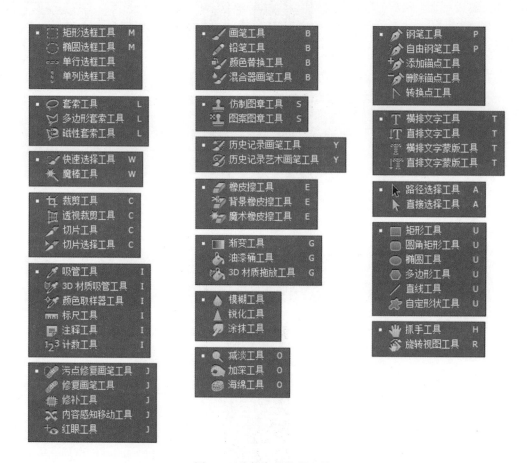

图 5　工具箱中的隐藏工具

四、常用工具功能的简介

1. 移动工具

移动工具用于移动选区、图层和参考线等内容。

2. 选择工具

Photoshop CS6 提供了 9 个选择工具并分别安排在了矩形选框工具组、套索工具组、快速选择工具组这三个工具组之中。选框工具组用于创建规则选区，套索工具组用于创建不规则选区，快速选择工具组用于快速创建不规则选区。

3. 裁剪和切片工具

裁剪工具用于裁剪图像，切片工具用于创建切片，切片选择工具用于选择切片。

4. 测量工具

测量工具用于提取图像的色样和尺寸等参数，包括吸管工具、颜色取样器工具、标尺工具、注释工具和计数工具。

5. 图像修饰工具

Photoshop CS6 提供了污点修复画笔工具、修复画笔工具、修补工具、红眼工具、仿制图章工具、图案图章工具、橡皮擦工具、背景橡皮擦工具、魔术橡皮擦工具、模糊工具、锐化工具、涂抹工具、减淡工具、加深工具、海绵工具这 15 个工具。

6. 绘画工具

绘画工具用于手工绘画的工具，包括画笔工具、铅笔工具、颜色替换工具、历史记录画笔工具、混合器画笔工具、历史记录艺术画笔工具、渐变工具、油漆桶工具。

7. 绘图和文字工具

Photoshop CS6 支持矢量图形的绘制，因此它提供了一组矢量图形绘制和编辑工具，还提供了一组文字工具。

项目一 基本工具的使用

本项目通过水墨画制作、标志设计、杯子装饰、展示设计、人物面部污点修复五个任务的完成，使读者能灵活掌握 Photoshop CS6 的选区工具、填充工具、魔棒工具和移动工具等基本工具的应用和使用技巧。

【能力目标】

- 了解 Photoshop CS6 的操作界面
- 认识工具箱
- 掌握选区工具的应用和技巧
- 掌握填充工具的应用和技巧
- 会使用绘制工具绘制简单图形

任务一 水墨画制作

1.1 任务描述

根据提供的素材制作一张水墨画，如图 1-1-1 所示。

图 1-1-1 "水墨画"最终效果

1.2 任务分析

完成此任务，首先要新建一个适当大小的空白文档，然后打开所有图片，利用移动工具对图像文件进行适当调整，得到最终效果，保存即可完成。

知识点：

（1）文件的基本操作。
（2）移动工具。
（3）自由变换工具
（4）图层。

1.3 任务实施

步骤 1 新建文件并打开所有素材

（1）在 Photoshop CS6 的操作界面中，选择菜单栏中的【文件】→【新建】命令，或按 Ctrl+N 组合键，弹出"新建"对话框（参数设置如图 1-1-2 所示），单击"确定"按钮，建立一个"水墨画 .psd"文件。

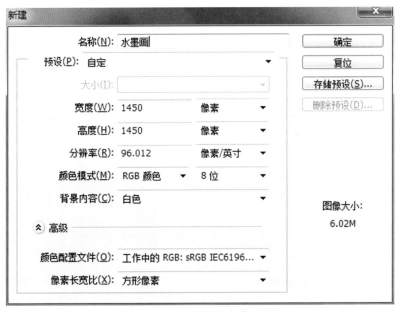

图 1-1-2 新建文件

小技巧：按住 Ctrl 键的同时双击灰色的空白处，也可打开"新建"对话框。

（2）选择菜单栏中的【文件】→【打开】命令，或按 Ctrl+O 组合键，弹出"打开"对话框，如图 1-1-3 所示，选择相应的文件，单击"打开"按钮。

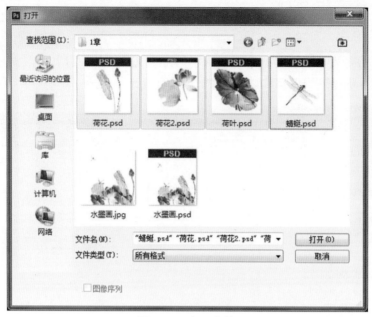

图 1-1-3 打开文件

小技巧：在 Photoshop CS6 中也可以一次打开同一目录下的多个文件，其方法主要有两种：

（1）单击要打开的第一个文件，然后按住 Shift 键单击要打开的最后一个文件，再单击"打开"按钮，即可打开这两个文件之间的多个连续文件。

（2）单击要打开的第一个文件，然后按住 Ctrl 键，依次单击要选择的文件，单击"打开"按钮，即可打开多个不连续的文件。

步骤 2　移动素材文件至新建文件中

（1）选择菜单栏中的【窗口】→【排列】→【使所有内容在窗口浮动】命令，将打开所有图片，如图 1-1-4 所示，在窗口依次排开。

图 1-1-4 文件在窗口浮动

（2）使用移动工具，如图 1-1-5 所示，完成所有图片向新建文件文档的移动。在该文档中会生成几个新的图层。

图 1-1-5　移动素材文件

小技巧：①按住 Ctrl 键直接可以进行移动操作；②按住 Alt 键，对图层移动操作可以进行复制操作；③在移动工具属性栏上勾选"自动选择"，移动要移动的图层时可以自动选择该图层。

步骤 3　编辑素材并完成最终效果

（1）先选择要调整的图片，再选择菜单栏中的【编辑】→【变换】命令，或按 Ctrl+T 组合键，图片周围会出现一个变形框，如图 1-1-6 所示。用鼠标拖动四个角的控制点可以同时改变图片的长和宽及形状、角度。拖动图片的中心点，可以改变中心点的位置。

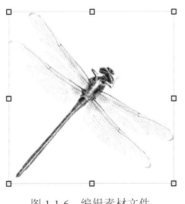

图 1-1-6　编辑素材文件

（2）用【自由变化】调整大小后，最后调整各个对象图层的相对位置，按回车键后，一幅水墨画的效果就完成了。

小技巧：按住 Shift 键的同时，拖拉矩形框的四角上的任何一个句柄可按比例缩放，也可改变属性栏中相应的坐标值对图像进行缩放。

1.4 任务小结

通过本任务的完成，读者应掌握移动工具、自由变换命令的灵活运用，在任务的制作过程中读者应特别注意移动工具、自由变换命令以及快捷键的使用技巧。

任务二 标志设计

2.1 任务描述

制作如图 1-2-1 所示的"3C 认证标志"效果图。

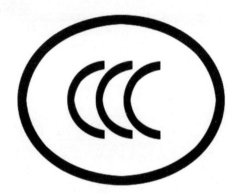

图 1-2-1 "3C 认证标志"最终效果

2.2 任务分析

完成此任务，首先要新建一个适当大小的空白文档，然后需要建立多个圆形选区，对选区填充色彩，以得到最终效果，保存即可完成。

知识点：

（1）选框工具。
（2）图层。
（3）修改选区大小。

2.3 任务实施

步骤 1 新建文件并绘制一个圆

（1）在 Photoshop CS6 的操作界面中，选择菜单栏中的【文件】→【新建】命令，或按 Ctrl+N 组合键，弹出"新建"对话框，参数设置如图 1-2-2 所示，单击"确定"按钮，建立一个"3C 认证标志 .psd"文件。

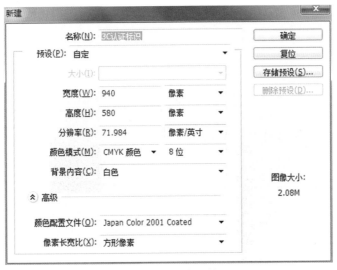

图 1-2-2　新建文件

（2）单击"面板"区域中"图层"面板右下角的创建新图层" ▢ "按钮，建立一个新图层，如图 1-2-3 所示。

图 1-2-3　新建图层

（3）选择工具箱中的椭圆选框工具" ⭕ "按钮，绘制一个适当大小的椭圆选区，如图 1-2-4 所示。

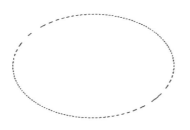

图 1-2-4　绘制一个椭圆选区

小技巧：按住 Shift+Alt 组合键可以绘制一个正圆或者正方形的选区。

项目一

基本工具的使用

步骤2 填充颜色，达到图形所要求的色彩效果

（1）选择菜单栏中的【编辑】→【填充】命令，如图1-2-5所示。或按Shift+F5组合键，弹出"填充"对话框，如图1-2-6所示。

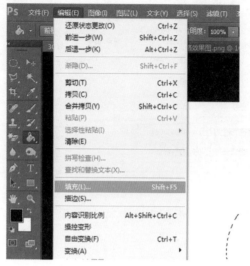

图1-2-5 选择"填充"命令

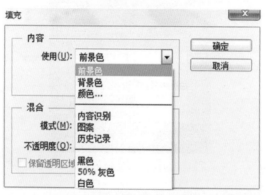

图1-2-6 "填充"对话框

（2）选择前景色填充并填充黑色，如图1-2-7所示。

图1-2-7 填充后的效果

小技巧：①按 Alt+Delete 组合键可以用前景色填充；②按 Ctrl+Delete 组合键可以用背景色填充。

步骤3　制作标志的边框

（1）填充完颜色后，在椭圆选区状态下，再选择菜单栏中的【选择】→【修改】→【收缩】命令，如图1-2-8所示。

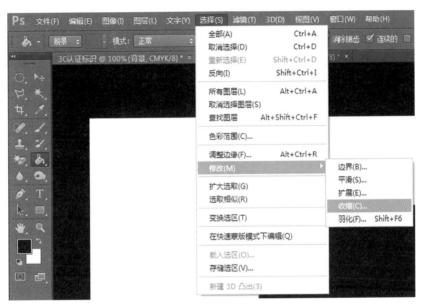

图1-2-8　制作内圆

（2）弹出一个"收缩选区"对话框，设置"收缩量"为15，如图1-2-9所示。椭圆选区会向内收缩15个像素，并填充白色，如图1-2-10所示。

图1-2-9　"收缩选区"对话框

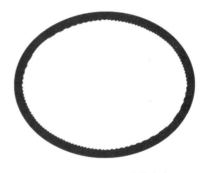

图1-2-10　将内圆填充白色

步骤4　制作标志里面的字母C

（1）单击"面板"区域中"图层"面板右下角的创建新图层" "按钮，再建立一个新图层，并依照制作边框的方法，绘制出一个黑色小圆。在小圆右侧绘制一个矩形选框工具，如图1-2-11所示。

基本工具的使用

（2）按 Delete 键删除矩形选框工具里的图形，并得到字母 C 的最终效果，如图 1-2-12 所示。

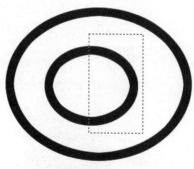

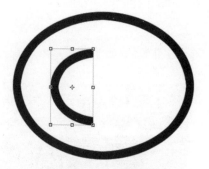

图 1-2-11　制作字母 C　　　　　　　　　　图 1-2-12　字母 C 效果

（3）选中要复制的图层，然后右击。在下拉菜单里选择"复制图层"命令，如图 1-2-13 所示。

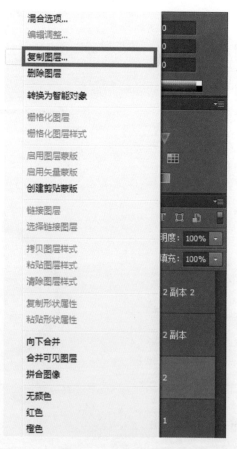

图 1-2-13　复制字母 C

（4）复制的图层叠加在一起，打开并用移动工具调整图层位置，得到最终效果，如图 1-2-14 所示。

图 1-2-14　最终效果

小技巧：①切换到移动工具，并选择当前图层，按 Ctrl+Alt 组合键拖动复制。②按 Ctrl+ Alt+T 组合键拖动图层实现拖动复制。

2.4　任务小结

通过本任务的完成，读者应掌握椭圆选框工具、修改选区大小命令，以及图层的灵活运用。

任务三　杯子装饰

3.1　任务描述

制作如图 1-3-1 所示的杯子贴图后的效果图。

图 1-3-1　"杯子贴图"最终效果

3.2 任务分析

完成此任务，首先打开两张图像文件，然后用椭圆选框工具选取内容并使用移动工具将图像拖拽到另一文档中进行编辑，得到最终效果，保存即可完成。

知识点：

（1）选框工具的相加。

（2）自由变换。

3.3 任务实施

步骤 1 打开两张图像文件

（1）打开两张素材图像，如图 1-3-2 和图 1-3-3 所示。

图 1-3-2 杯子

图 1-3-3 彩圆

步骤 2 建立选区并移动选区至杯子图像文档中

（1）选择工具箱中的椭圆选框工具"○"按钮，选择属性栏中的添加到选区"◻"按钮，设置"羽化"值为 20 像素，如图 1-3-4 所示。

图 1-3-4 椭圆选框加选工具

（2）在图 1-3-4 中绘制一个适当大小的椭圆选区，如图 1-3-5 所示。

图 1-3-5　绘制一个椭圆选区

（3）将新绘制的选区与已有选区相加，框选出需要的图形，如图 1-3-6 所示。

图 1-3-6　建立选区

（4）使用移动工具将图像拖拽到另一文档中进行编辑，如图 1-3-7 所示。

图 1-3-7　移动图像文件

步骤3　调整选区至合适的大小

（1）选择菜单栏上的【编辑】→【变换】命令以调整大小，如图 1-3-8 所示。或按 Ctrl+T 组合键调出自由变换框调整图像，再对其进行【变形】操作，如图 1-3-9 所示。

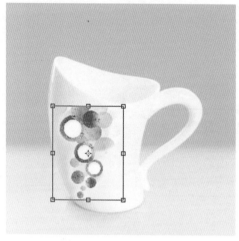

图 1-3-8　调整图像大小

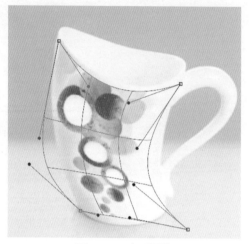

图 1-3-9　变形图像

（2）选择该文件的"图层 1"，设置"图层 1"的"不透明度"为 80%，如图 1-3-10 所示。

（3）调整好后，得出最终效果，如图 1-3-11 所示。

图 1-3-10　降低图层的透明度

图 1-3-11　调整完后的效果

3.4　任务小结

通过本任务的完成，读者应熟练应用选区工具的相加、相减和变形等操作。

任务四 展示设计

4.1 任务描述

将黄色剪影装饰画贴在书架上，效果如图 1-4-1 所示。

图 1-4-1　书架上贴上装饰画的最终效果

4.2 任务分析

完成此任务，首先要打开所需素材，把黄色剪影放置到素材图片中，然后复制两个黄色剪影并放置到指定位置，再做适当的微调，就可以达到要求的效果。

知识点：

（1）魔棒工具。

（2）移动工具。

（3）自由变换命令。

（4）复制命令。

4.3　任务实施

步骤 1　打开素材，移动黄色剪影

（1）选择菜单栏中的【文件】→【打开】命令或按 Ctrl+O 组合键，打开本书网络资源中的"素材 \ 项目一 \1-4-2.jpg"图像文件，如图 1-4-2 所示。

图 1-4-2　素材

小技巧：双击屏幕上的灰色区域即可快速打开文件。

（2）打开本书网络资源中的"素材 \ 项目一 \1-4-3.jpg"图像文件，如图 1-4-3 所示。

图 1-4-3　素材

（3）在"图层"面板中，双击"黄色剪影.jpg"的图层来解锁图像，单击工具箱中的魔棒工具"✎"按钮，在图像区域的背景上任意处单击，建立如图1-4-4所示的选区。

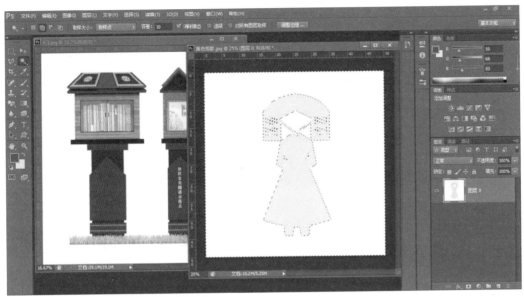

图1-4-4　背景载入选区

（4）选择菜单栏中的【选择】→【反向】命令或按Shift+Ctrl+I组合键，黄色剪影即可载入选区，效果如图1-4-5所示。

图1-4-5　载入选区

小知识：魔棒工具用于选择颜色相同或相近的区域，在其属性栏中改变相应的参数值可以选择相似的颜色范围，其属性栏如图 1-4-6 所示。

图 1-4-6　魔棒属性栏

其中"容差"是一个非常重要的选项，它的数值范围为 0 ~ 255，默认值为 32，数值越大则选取的颜色范围越大，数值越小则选取的颜色范围越小。

勾选"消除锯齿"复选框，可设置所选区域是否具备消除锯齿的功能。

勾选"连续"复选框，可以将图像中连续近似的像素选中，否则会将当前图层中所有近似的像素一并选中。

勾选"对所有图层取样"复选框，魔棒工具将跨越图层对所有可见图层起作用，否则魔棒工具只对当前图层起作用。

小技巧：按住 Shift 键的同时，选择魔棒工具并多次单击来扩大选区。

（5）单击工具箱中的移动工具按钮，将黄色剪影拖拽到图 1-4-2 素材中，效果如图 1-4-7 所示。

图 1-4-7　移动后的效果

步骤 2　调整、复制黄色剪影，达到最终效果

（1）选择菜单栏中的【编辑】→【自由变换】命令或按 Ctrl+T 组合键，其效果如图 1-4-8 所示。

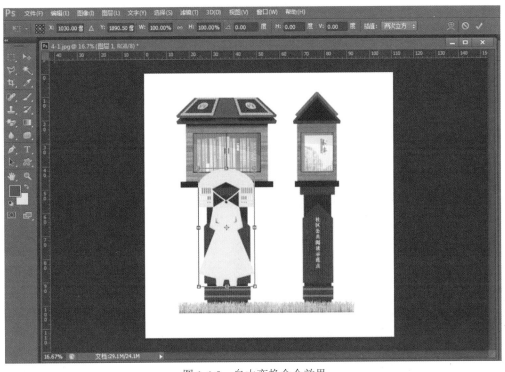

图 1-4-8　自由变换命令效果

（2）拖拉矩形框上任何一个句柄，缩放黄色剪影到合适的大小，按回车键确定。单击工具箱中的"移动工具"按钮，把黄色剪影拖动到合适的位置，效果如图 1-4-9 所示。

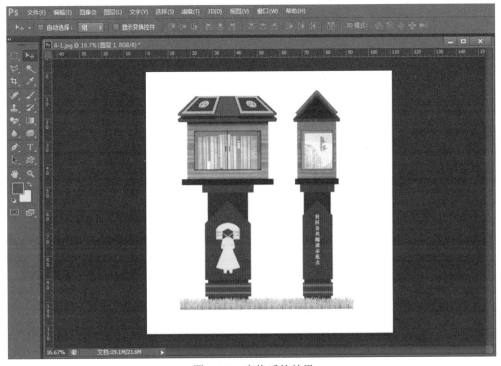

图 1-4-9　变换后的效果

小技巧： ①按住 Shift 键的同时，拖拉矩形框的四角上的任何一个句柄可按比例缩放，也可改变属性栏中相应的坐标值对图像进行缩放；②按住 Alt 键的同时拖拽黄色剪影到合适的位置，即可复制一个黄色剪影；按 Ctrl+T 组合键，移动鼠标指针到矩形框四角的任意一个句柄处，当鼠标指针变为"↰"时，按住鼠标左键旋转黄色剪影到指定的角度，并调整到合适的大小，然后松开鼠标左键，按回车键。

（3）按同样的方法，复制、透视、移动黄色剪影完成最终效果，如图 1-4-10 所示。

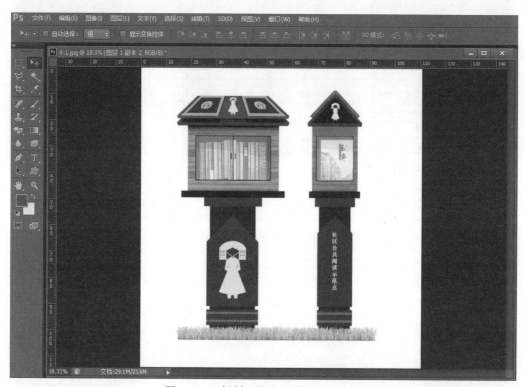

图 1-4-10　复制、移动、透视后的效果

4.4　任务小结

通过本任务的完成，读者应掌握对魔棒工具、移动工具、自由变换命令的灵活运用，在任务的制作过程中读者应特别注意魔棒工具、自由变换命令以及快捷键的使用技巧。

任务五　人物面部污点修复

5.1　任务描述

利用 Photoshop CS6 中的仿制图章工具将人物面部的痣祛除，处理前后图像效果如图 1-5-1、图 1-5-2 所示。

图 1-5-1　处理前　　　　　　　　　　　图 1-5-2　处理后

5.2　任务分析

由于素材人物脸部痣不多，祛除后可达到完美效果，所以完成此任务需使用仿制图章工具，在图像中取样并复制到有痣区域，从而消除痣，以达到人物的美化效果。

知识点：

（1）仿制图章工具。
（2）污点修复画笔工具。
（3）修补工具。

5.3　任务实施

步骤 1　设置仿制图章工具的属性

（1）打开网络资源中的"素材 \ 项目一 \1-5-1.jpg"图像文件，如图 1-5-1 所示。
（2）选择工具箱中的仿制图章工具""按钮，并在其属性栏中设置适当的画笔大小和硬度，参数如图 1-5-3 所示。

图 1-5-3　选择画笔

小技巧：将画笔的"硬度"设置为 0%，是为了让复制得到的图像边缘变得比较柔和，从而自然地与没有痣的脸部皮肤融合在一起。

步骤2　使用"仿制图章工具"修复脸上的痣

（1）将光标置于脸部痣周围比较相近的皮肤上，然后按住 Alt 键（此时鼠标指针呈"⊕"状）并单击以定义原图像，如图 1-5-4 所示。

（2）释放 Alt 键，鼠标指针还原成"○"状，将鼠标指针移动到痣上并单击涂抹痣，此时痣被定义的原图像覆盖，如图 1-5-5 所示。

图 1-5-4　处理前　　　　　　　　　　　　　　图 1-5-5　处理后

小知识：

（1）仿制图章工具"🖳"。使用仿制图章工具可准确复制图像的一部分或全部，从而产生某部分或全部的复制，它是修补图像时常用的工具。例如，若原有图像有折痕或污点，可用此工具选择折痕或污点附近颜色相近的像素点来进行修复。

使用方法：在工具栏中选择仿制图章工具，按住 Alt 键在污点周围选择像素相似的地方，单击确定仿制源，然后松开 Alt 键在污点处涂抹即可。

（2）污点修复画笔工具"🖌"用于快速移去图像中的污点和其他不理想部分。和修复画笔工具相似，污点修复画笔工具使用图像或图案中的样本进行绘画，并将样本的纹理、光照、透明度和阴影与所修复的像素相匹配。

使用方法：在工具栏中选择污点修复画笔工具并在图像的污点处涂抹即可。

（3）修复画笔工具"🖋"用于修复图像中的缺陷，并能使修复的结果自然融入周围的图像。和仿制图章工具类似，修复画笔工具也是从图像中取样并复制到其他部位，或直接用图案进行填充。但不同的是修复画笔工具在复制或填充图案的时候，会将取样点的像素信息自然融入到复制的图像位置，并保持其纹理、亮度和层次，使被修复的像素和周围的图像完美地结合。

使用方法：同污点修复画笔工具。

5.4　任务小结

通过本任务的完成，读者应掌握仿制图章工具以及仿制图章工具快捷键的使用技巧。

项目二　图层

在 Photoshop CS6 中，"图层"面板是重要的基本工具之一，应用非常广泛。通俗地讲，图层就像是含有文字或图形等元素的胶片，每一张图层都按顺序叠放在一起，组合起来形成页面的最终效果。图层可以将页面上的元素精确定位。图层中可以加入文本、图片、表格、插件，也可以在里面再嵌套图层。

【能力目标】

- 能进行新建图层、复制图层、颜色标识、栅格化图层、合并图层、设计图层样式等操作
- 能运用图层样式做出各种效果

任务一　图案设计（绘制小方巾）

1.1　任务描述

公司接到一个客户任务单，要求完成一幅如图 2-1-1 所示"小方巾"效果图。项目负责人要求你在较短的时间内用 Photoshop CS6 快速地完成该任务。

图 2-1-1　小方巾最终效果

1.2　任务分析

要完成该任务，首先要新建一个空白文件，创建一个图层，在新建图层上创建小方

巾的背景，然后通过自定形状工具创建基本图像，并进行组合排列，调整位置，完成最终效果。

知识点：

（1）图层的基础知识。

（2）图层的编辑操作。

（3）自定义形状工具。

1.3 图层的基础知识

1. 新建图层

新建的普通图层为完全透明状态，在此图层上可以进行图像编辑操作。新建图层有以下两种方法：

方法 1：使用"图层"面板新建图层

单击如图 2-1-2 所示"图层"面板上的"创建新图层"按钮，在当前选择图层的上方新建一个空白的默认图层。

图 2-1-2　新建图层

方法 2：使用菜单命令新建图层。

选择菜单栏中的【图层】→【新建】→【图层…】命令或按 Shift+Ctrl+N 组合键，弹出如图 2-1-3 所示的"新建图层"对话框，新建一个指定各项参数的图层。

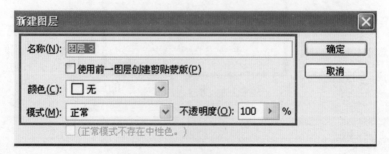

图 2-1-3　"新建图层"对话框

小技巧：如果在图 2-1-2 中单击"创建新图层"按钮的同时，按住 Alt 键，也可弹出如图 2-1-3 所示的"新建图层"对话框，即可新建一个指定各项参数的图层。

2. 复制图层

在使用 Photoshop CS6 对图像文件进行编辑时，常常需要复制图层用于不同的编辑操作。复制图层有以下 3 种方法：

方法 1：使用"图层"面板上的"创建新图层"按钮复制图层。

拖动需要复制的图层到创建新图层"  "按钮上，即可复制一个该图层，如图 2-1-4、图 2-1-5 所示。

图 2-1-4 复制图层

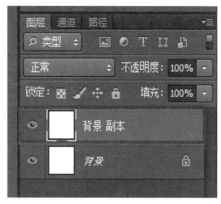
图 2-1-5 复制图层

方法 2：使用快捷菜单命令复制图层。

在"图层"面板上右击需要复制的图层，在弹出的快捷菜单中选择"复制图层"命令，可弹出"复制图层"对话框，单击"确定"按钮即可完成复制，如图 2-1-6 所示。

图 2-1-6 "复制图层"对话框

在"复制图层"对话框中的"为"文本框中，输入复制图层的名称，如 ABC，然后单击"确定"按钮，即可复制一个名称为 ABC 的图层，如图 2-1-7 所示；如果不输入复制图层的名称，直接单击"确定"按钮，系统默认生成一个当前选择图层的副本图层，如图 2-1-5 所示。

方法 3：使用菜单命令复制图层。

选择菜单栏中的【图层】→【复制图层】命令，也可弹出如图 2-1-6 所示的"复制图层"对话框，单击"确定"按钮，即可完成图层的复制。

图 2-1-7　设置复制图层的名称

3. 删除图层

在使用 Photoshop CS6 对图像文件进行编辑时，常常需要删除不需要的图层。常用的删除图层的方法有以下 3 种：

方法 1：拖拽图层至"删除图层"按钮上。

在"图层"面板上按住鼠标左键，把需要删除的图层拖拽至"图层"面板下方的删除图层"🗑"按钮上，即可删除该图层，如图 2-1-8 所示。

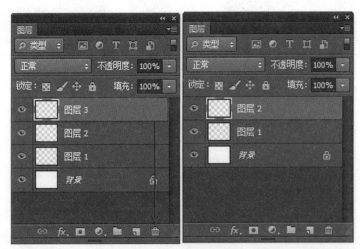

图 2-1-8　删除图层

方法 2：单击"删除图层"按钮。

在"图层"面板中，选择需要删除的图层后，单击删除图层"🗑"按钮，弹出询问是否删除该图层的对话框，如图 2-1-9 所示，单击"是"按钮，即可对其进行删除。

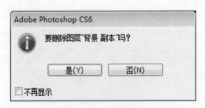

图 2-1-9　删除图层

方法3：选择菜单栏中的"删除图层"命令。

选择菜单栏中的【图层】→【删除图层】命令，即可打开如图2-1-9所示的对话框，单击"是"按钮，即可将当前选取的图层删除。

4. 调整图层顺序

在使用Photoshop CS6对图像文件进行编辑时，常常需要调整图层顺序，常用的调整图层顺序的方法有以下两种：

方法1：按住鼠标左键拖拽需要调整的图层到需要的位置上，即可完成图层顺序的调整。

方法2：按住Ctrl键，分别按下"["或"]"键，即可将当前选择的图层的位置向下或向上调整。按Ctrl+Shift+[组合键或Ctrl+Shift+]组合键，可以将当前的图层调整至最下层或最上层。

5. 合并图层

合并图层也有以下两种方法：

方法1：按住Ctrl键，选取需要进行合并的图层并右击后，在弹出的快捷菜单中选择"合并图层"命令，即可对所选图层进行合并。

方法2：按住Ctrl键，选取需要进行合并的图层后，选择菜单栏中的【图层】→【合并图层】命令或按Ctrl+E组合键，即可对所选图层进行合并。

1.4 任务实施

步骤1 创建小方巾背景

（1）按如图2-1-10所示的参数，新建一个"小方巾效果图"的文件。

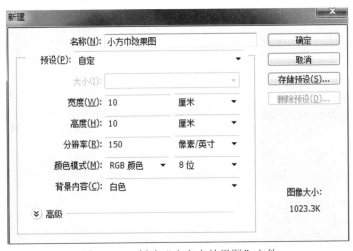

图2-1-10 新建"小方巾效果图"文件

（2）新建一个"图层1"，"图层1"颜色填充设置R为169、G为200、B为250。

（3）选择菜单栏中的【编辑】→【自由变换】命令或按Ctrl+T组合键，图形四周出现变换句柄，按住Alt+Shift组合键，对"图层1"图像进行缩小变形，效果如图2-1-11所示。

图 2-1-11　完成新建图层的颜色填充

步骤 2　创建基本图形

（1）选择工具箱中的自定形状工具""按钮，在工具属性栏中的"形状"下拉列表框中选择如图 2-1-12 所示的形状。

图 2-1-12　选择图形

（2）新建一个"形状 1"图层，将前景色设置为白色，按住 Shift 键的同时在"形状 1"图层中按住鼠标左键拖拽，绘出所选图形，效果如图 2-1-13 所示。

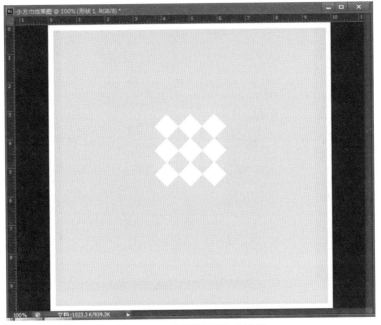

图 2-1-13　图形绘制完成效果

（3）复制"形状 1"图层，生成"形状 1 副本"图层，如图 2-1-14 所示。

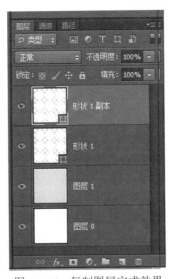

图 2-1-14　复制图层完成效果

（4）选择工具箱中的移动工具"➤⊕"按钮，调整"形状 1 副本"图层中图形的位置，如图 2-1-15 所示。

（5）将"形状 1 副本"图层复制两次，将不同副本层中的形状分别移动到合适的位置。按住 Ctrl 键选择所有的形状图层，合并图层并重命名为"图层 2"，如图 2-1-16 所示。

小知识：在图层名称上双击即可重命名图层。

（6）选择工具箱中的自定义形状工具"🖉"按钮，在工具属性栏中的"形状"下拉列表框中选择如图 2-1-17 所示的形状。

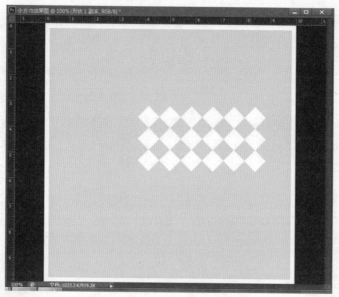

图 2-1-15　移动复制图层的效果

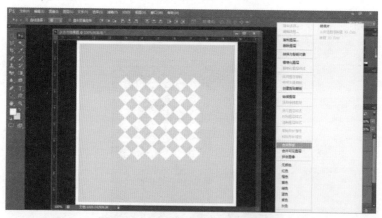

图 2-1-16　完成复制并合并后的效果

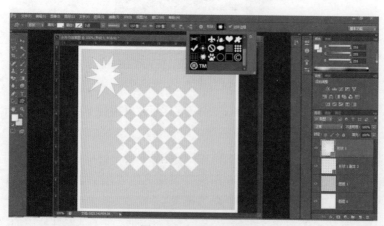

图 2-1-17　选择形状

（7）按照上面的方法绘制图形，效果如图 2-1-18 所示。

图 2-1-18　完成绘制后的效果

（8）选择菜单栏中的【编辑】→【自由变换】命令或按 Ctrl+T 组合键，其效果如图 2-1-19 所示。

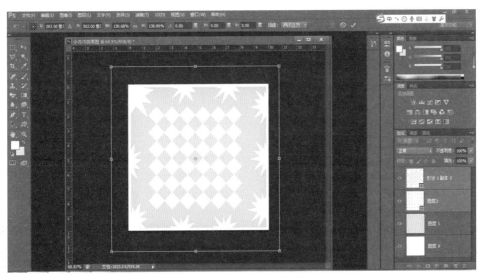

图 2-1-19　自由变换后的效果

1.5　任务小结

本任务使用自定形状工具绘制图形，使用图层基础知识和设置方法调整各图层中图像的排列。通过本任务的完成，读者应熟练应用图层和自定义形状工具绘制图形。

任务二　绘制梦幻月亮

2.1　任务描述

公司接到幼儿园的任务单，要求为一张宣传海报绘制一幅插画。主体图形为月亮，要求具有梦幻效果，如图 2-2-1 所示。园长要求你使用 Photoshop CS6 快速完成该任务。

项目二

图层

图 2-2-1　梦幻月亮

2.2　任务分析

该任务首先要使用渐变工具，在"背景图层"填充制作背景，然后使用绘制工具来制作月亮，并添加光泽、立体等效果，最后修饰并完成整体效果。

知识点：

（1）图层样式。

（2）多边形工具。

2.3　图层样式

图层样式包括内阴影、内发光、斜面和浮雕、光泽、颜色叠加、渐变叠加、图案叠加、描边等特殊效果，通过图层样式，可以非常轻松、快捷地实现多种艺术效果。

添加图层样式有以下 3 种方法。

方法 1：使用菜单命令添加图层样式。

选择菜单栏中的【图层】→【图层样式】命令，打开如图 2-2-2 所示的菜单，选择任意一个命令，打开"图层样式"对话框，如图 2-2-3 所示。在"图层样式"对话框中进行相关设置，单击"确定"按钮，完成添加图层样式。

方法 2：使用"图层"面板添加图层样式。

在"图层"面板中双击当前图层的缩略图或图层名右侧的空白位置，打开"图层样式"对话框，如图 2-2-3 所示。在"图层样式"对话框中进行相关设置，单击"确定"按钮，完成添加图层样式。

图 2-2-2　"图层样式"菜单

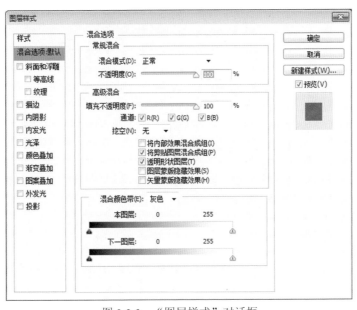

图 2-2-3 "图层样式"对话框

方法 3：使用"添加图层样式"按钮添加图层样式。

单击"图层"面板下方的"添加图层样式"按钮"$fx.$"，如图 2-2-4 所示，弹出如图 2-2-5 所示的菜单，从菜单中选择需要添加的图层样式种类，打开如图 2-2-3 所示"图层样式"对话框，在"图层样式"对话框中进行相关设置，单击"确定"按钮，完成添加图层样式。

图 2-2-4 "添加图层样式"按钮

图 2-2-5 "添加图层样式"列表

2.4 任务实施

步骤 1 使用渐变工具制作背景

（1）按如图 2-2-6 所示参数，新建一个"梦幻的月亮"文件。

项目二

图层

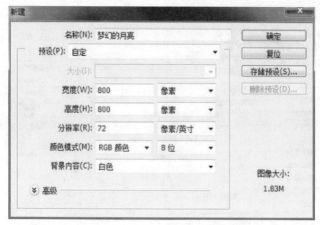

图 2-2-6　新建"梦幻的月亮"文件

（2）单击工具箱中的渐变工具"■"按钮，在属性栏中单击编辑渐变"▬▬▬▬▾"按钮，打开"渐变编辑器"窗口，如图 2-2-7 所示。

图 2-2-7　"渐变编辑器"窗口

（3）双击"渐变编辑器"窗口中色标区域的四号色标，打开如图 2-2-8 所示的"拾色器（色标颜色）"对话框，在 # 文本框中输入 baff00，单击"确定"按钮；双击三号色标，在图 2-2-8# 文本框中输入 668B00，单击"确定"按钮。

（4）在图 2-2-8 中单击"确定"按钮，关闭"渐变编辑器"窗口，完成从 #baff00 到 #668B00 线性渐变颜色设置。

（5）按住鼠标左键在绘图区从上到下拖拽，完成从上到下填充颜色为 #baff00 到 #668B00 的线性渐变背景，如图 2-2-9 所示。

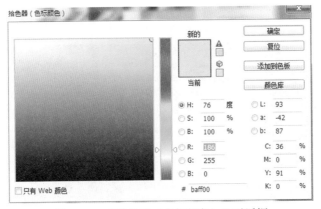

图 2-2-8 "拾色器（色标颜色）"对话框

图 2-2-9 渐变填充效果

步骤 2 制作水晶圆角星星

（1）单击"图层"面板中的"创建新图层"按钮，新建"图层 1"。选择工具箱中的"椭圆选框工具"，创建圆形选区，如图 2-2-10 所示。

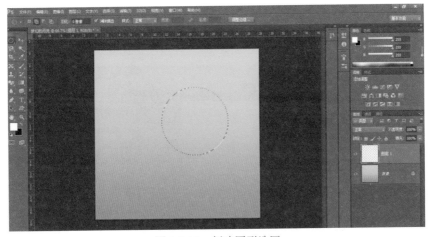

图 2-2-10 创建圆形选区

图层

（2）单击工具箱中的"设置前景色"按钮，把前景色设置为 #FFDF70，如图 2-2-11 所示。

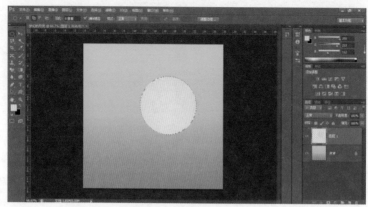

图 2-2-11　设置前景色

（3）选中"图层 1"，右击，复制图层，然后用"移动工具"（左右方向键）向右移动"图层 1 副本"的图形。这时会有两个相交的圆形出现，如图 2-2-12 所示。

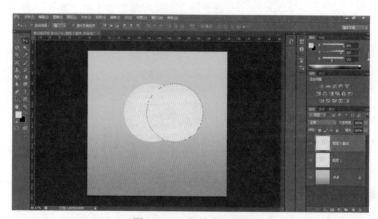

图 2-2-12　相交的圆形

（4）选中"图层 1"，按 Shift+Delete 组合键就会删除一部分图形，使用 Ctrl+D 组合键把虚线框消除，然后把"图层 1 副本"删除，就只留下"图层 1"中的月牙形状了，如图 2-2-13 所示。

图 2-2-13　月牙形状

（5）在"图层样式"对话框中设置各参数如图 2-2-14 至图 2-2-19 所示。分别设置好样式后，最终完成效果如图 2-2-20 所示。

图 2-2-14　图层样式"投影"参数设置

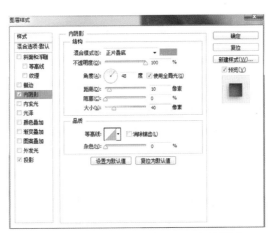

图 2-2-15　图层样式"内阴影"参数设置

图 2-2-16　图层样式"外发光"参数设置

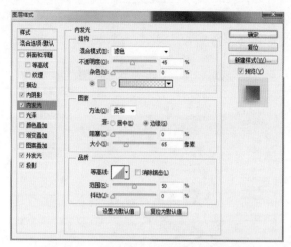

图 2-2-17　图层样式"内发光"参数设置

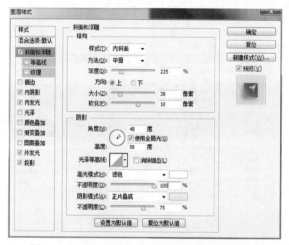

图 2-2-18　图层样式"斜面和浮雕"参数设置

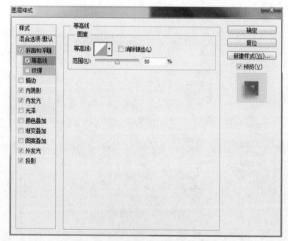

图 2-2-19　图层样式"等高线"参数设置

图 2-2-20 最终完成效果

小知识:

（1）"投影"和"内阴影"：设置如图 2-2-14、图 2-2-15 所示。

"投影"和"内阴影"产生的图像效果虽然不同，但参数选项是基本一样的，其中各选项的意义如下：

混合模式：选择投影的混合模式，在"混合模式"下拉列列表框右侧有一个颜色框，单击颜色框可以弹出"拾色器"对话框，然后再从中选择阴影颜色。

不透明度：可以设置阴影的不透明度，数值越大阴影颜色越深。

角度：用于设置光照的角度，即阴影的方向会随着角度的变化而发生相应的变化。

距离：设置阴影距离，取值范围在 0 ~ 30000 之间，数值越大阴影距离越远。

扩展：模糊之前扩大边缘范围，取值范围在 0 ~ 100% 之间，数值越大投影效果越强烈。

大小：设置模糊的数量或暗调大小，取值范围在 0 ~ 250 之间，数值越大柔化程度越大。

阻塞：设置内阴影边界的清晰度。

品质：在此选项区中，可以通过设置"等高线"与"杂色"选项来改变阴影质量。

（2）"外发光"和"内发光"：设置如图 2-2-16、图 2-2-17 所示。

1）结构：在此选项区中可设置混合模式、不透明度、杂色和发光颜色。

2）图素：在此选项区中可设置发光元素的属性，以"内发光"为例，包括"方法""源""阻塞"和"大小"。

方法：在"方法"下拉列表中可设置发光方式，选择"柔和"选项，可应用模糊技术，它可用于所有类型的边缘，不论是柔边还是硬边；选择"精确"选项，可应用距离测量技术创造发光效果，主要用于消除锯齿形状硬边的杂边。

源：在"源"选项中有两个单选按钮，选择"居中"单选按钮，可从当前图层图像的中心位置向外发光；选择"边缘"单选按钮，可从当前图层图像的边缘向里发光。

大小：设置内发光大小，取值范围在 0 ~ 250 之间。

阻塞：设置内发光边界的软硬度。

3）品质：在此选项区中可设置"等高线""范围"和"抖动"。在使用渐变颜色时，在"抖动"文本框中输入数值可使发光颗粒化。

（3）斜面和浮雕：设置如图 2-2-18 所示。

1）结构：在"结构"选区中可以设置"样式""方法""深度""方向""大小""软化"。

样式：可以选择一种图层效果。其中包括"外斜面""内斜面""浮雕效果""枕状浮雕"和"描边浮雕"选项。"外斜面"可以在图层中图像外部边缘产生一种斜面的光照效果；"内斜面"可以在图层中图像内部边缘产生一种斜面的光照效果；"浮雕效果"可以创建当前图层内容相对它下面图层凸出的效果；"枕状浮雕"可以创建当前图层中图像的边缘陷入下面图层的效果；"描边浮雕"类似浮雕效果，不过只是对图像边缘产生的效果。

方法：可选择一种斜面方式。其中包括"平滑""雕刻清晰"和"雕刻柔和"。

深度：可以设置斜面和浮雕的深度，取值范围在 1%～1000% 之间。

方向：可以设置斜面和浮雕的方向是上或下。

大小：可以设置斜面和浮雕的大小，取值范围在 0～250 像素之间。

软化：可以设置斜面和浮雕的软化效果，取值范围在 0～16 像素之间。

2）阴影：在"阴影"选项区中可以设置阴影的"角度""高度""光泽等高线""高光模式"，以及斜面的亮部和暗部的不透明度和阴影模式。

（4）等高线：设置如图 2-2-19 所示。

在"斜面和浮雕"复选框下方有"等高线"和"纹理"复选框，根据需要可以进行等高线及纹理的设置。

2.5 任务小结

本任务通过梦幻月亮的制作，系统地学习了椭圆选框工具、图层、图层样式的应用。读者通过本任务的完成，应熟练应用图层样式制作各种特殊效果。

项目三 文字应用

在 Photoshop CS6 中，文字工具是重要的基本工具之一，应用非常广泛。如何把文字按客户的要求添加到图像中，达到美观、实用、大方的效果，是学习本项目的目的。本项目主要通过制作背景字、制作特效字体和制作琥珀文字三个具有代表性任务的完成，使读者掌握文字工具的应用技巧。

【能力目标】

- 能进行文字输入，对文字进行编辑、栅格化等操作
- 能制作背景文字
- 能运用图层样式给文字添加斜面和浮雕、光泽、投影等效果
- 能打造具有不同质感的文字
- 能制作倒影文字
- 能调整图像的色调
- 能制作其他各种不同的特效文字

任务一 制作背景字

1.1 任务描述

公司接到一个任务单，要求在一副风景图片上添加"大好山河"四个字，并填充和背景一致的纹理，最后达到的效果如图 3-1-1 所示。项目经理要求你使用 Photoshop CS6 快速地完成该任务。

图 3-1-1 "背景字"最终效果

1.2 任务分析

完成此任务，首先应打开背景素材图片，输入文字，然后对文字进行编辑，并对其进行各种特效处理，达到最终效果。

知识点：

（1）熟练运用文字编辑工具。

（2）能运用文字蒙版工具建立选区。

（3）能对文字选区进行编辑和处理。

1.3 文字工具

1. "横排文字工具"属性栏

选择工具箱中横排文字工具"T,"按钮，打开"横排文字工具"属性栏，属性栏中各选项的作用如图 3-1-2 所示。

图 3-1-2 "横排文字工具"属性栏

2. 建立文字图层

选择"横排文字工具"，在绘图区域上单击，Photoshop CS6 会自动生成一个文字图层，如图 3-1-3 所示，并且把文字光标定位在这一层中。

图 3-1-3 "图层"面板

1.4 任务实施

步骤 1 打开背景素材图片，输入文字并编辑

（1）启动 Photoshop CS6，打开本书网络资源中的"素材 \ 项目三 \ 图 3-1-4.jpg"素材文件，如图 3-1-4 所示。

图 3-1-4 背景图片

（2）选择工具箱中横排文字工具中的"横排文字蒙版工具"，在属性栏中选择字体为"方正隶书"，字体大小为"200 点"，输入"大好山河"四个字，效果如图 3-1-5 所示。

图 3-1-5 输入文字

小知识：右击工具箱中横排文字工具""按钮，打开横排文字工具的隐藏工具组，如图 3-1-6 所示。

图 3-1-6 文字工具组

横排文字工具：可以在图像中输入行格式排列的点文字和段落文字。

直排文字工具：可以在图像中输入列格式排列的点文字和段落文字。

横排文字蒙版工具：可以在图像中建立行格式排列的文字选区。

直排文字蒙版工具：可以在图像中建立列格式排列的文字选区。

选择"横排文字蒙版工具"或"直排文字蒙版工具"，在文件上单击，Photoshop CS6 将产生一个红色的、重叠的蒙版区域。在这个区域中可以通过单击或拖动的方式来移动文字。要确认应用该蒙版，单击工具箱中的其他任意工具即可。

（3）按"Ctrl+ 鼠标左键"，拖动鼠标将文字移动到适当位置，效果如图 3-1-7 所示。

图 3-1-7 调整文字位置

（4）单击工具箱中其他任意工具，取消文字蒙板状态，建立"文字选区"，效果如图 3-1-8 所示。

图 3-1-8 取消文字蒙版状态

（5）按 Ctrl+C → Ctrl+V 组合键，生成"图层 1"，如图 3-1-9 所示。

图 3-1-9　生成"图层 1"

步骤 2　对文字进行特效处理，达到最终效果

（1）选中"图层 1"，双击其缩略图或"图层 1"右侧的空白位置，打开"图层样式"对话框，如图 3-1-10 所示。设置"外发光"和"斜面和浮雕"效果，按图 3-1-10 和图 3-1-11 设置参数。

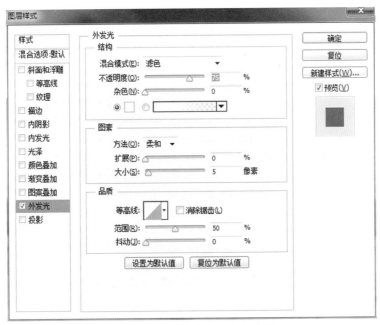

图 3-1-10　"外发光"参数设置

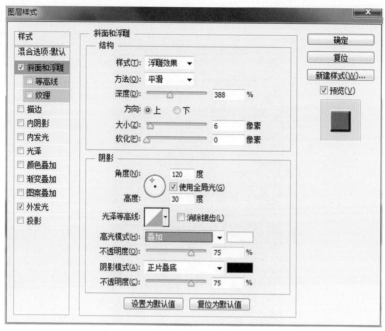

图 3-1-11 "斜面和浮雕"参数设置

（2）单击"确定"按钮，得到如图 3-1-12 所示的效果。

图 3-1-12 最终效果

试一试：按照以上制作步骤，但改变一下图层样式设置的参数，看一看效果如何。

1.5 任务小结

本任务系统地讲解了文字输入，设置文字字体、字号和建立文字蒙版等知识，并利用"图层样式"对话框对文字进行各种特效处理，达到最终效果。

任务二　制作特效字体

2.1　任务描述

公司接到一个任务单，要求在卡通封面背景中添加具有可爱效果的文字，使其达到如图 3-2-1 所示的效果。项目经理要求你用 Photoshop CS6 快速地完成该任务。

2.2　任务分析

完成此任务，首先应打开背景素材图片，输入文字，然后对文字进行编辑，并对其进行各种特效处理，达到最终效果。

图 3-2-1　最终效果

知识点：

（1）"字符"面板的应用。
（2）使用选区工具建立选区。

2.3　任务实施

步骤 1　打开素材图片、输入文字并编辑

（1）启动 Photoshop CS6，打开本书网络资源中的"素材\项目三\图 3-2-2.jpg"素材文件，如图 3-2-2 所示。

项目三

文字应用

图 3-2-2　背景图片

（2）在工具箱中设置前景色为"红色"。

（3）在工具箱中单击横排文字工具""按钮，再单击属性栏中的字符面板""按钮，打开"字符"面板，如图 3-2-3 所示，按图中参数设置完毕后，输入文字 Happy new year，并调整文字位置，效果如图 3-2-4 所示。

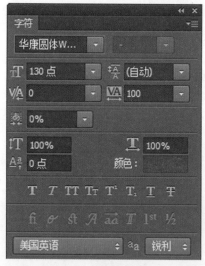

图 3-2-3　设置文字格式

图 3-2-4　输入文字

步骤2　对文字进行特效处理，达到最终效果

（1）在文字层下新建一个"图层 1"。

（2）选择"椭圆工具"绘制多个椭圆。

（3）选择菜单栏中的【编辑】→【填充】命令，打开"填充"对话框，如图 3-2-5 所示。在内容选项区的"使用"下拉列表框中选择合适的颜色，单击"确定"按钮，完成填充，效果如图 3-2-6 所示。

图 3-2-5　"填充"对话框　　　　　　　　　图 3-2-6　填充颜色效果

（4）在"图层"面板中，按住 Ctrl 键的同时，单击"图层 1"缩略图，得到如图 3-2-7 所示的选区。

图 3-2-7　建立选区

（5）新建一个"图层 2"，将前景色设置为白色，选择从白色到透明的渐变，并从上到下拖动鼠标指针，得到如图 3-2-8 所示的渐变效果。

图 3-2-8　渐变效果

（6）选择"套索工具"，在属性栏中单击"选区相减"按钮，拖动鼠标指针在绘图区域建立如图 3-2-9 所示的选区。

图 3-2-9　选区相减

（7）松开鼠标左键，得到如图 3-2-10 所示的选区。

图 3-2-10　选区相减后的效果

（8）再次从上到下拖动鼠标指针，完成从白色到透明的渐变，得到如图 3-2-11 所示的最终效果。

图 3-2-11　最终效果

2.4　任务小结

本任务系统地讲解了"字符"面板的使用方法，读者通过编辑文字并填充渐变颜色，最终能够制作出具有特殊效果的文字。

任务三　制作琥珀文字

3.1　任务描述

公司接到一个任务单，要求为客户制作一些晶莹剔透、广告效果强的琥珀文字，最终效果如图 3-3-1 所示。

图 3-3-1　最终效果

3.2　任务分析

完成此任务，首先应新建文件，输入文字，然后对文字进行编辑，并对其进行各种特效处理，达到最终效果。

知识点：

文字变形。

3.3　任务实施

步骤 1　新建文件，输入文字并编辑

（1）启动 Photoshop CS6，打开"新建"对话框，按图 3-3-2 所示设置各参数，然后单击"确定"按钮，新建一个"琥珀文字"文件。

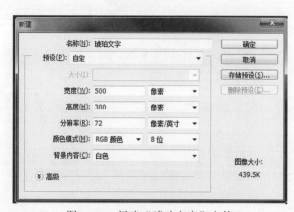

图 3-3-2　新建"琥珀文字"文件

小技巧：按 Ctrl+N 组合键即可打开"新建"对话框。

（2）将前景色和背景色设置为默认的黑色和白色，然后按 Alt+Delete 组合键将背景图层填充为黑色，如图 3-3-3 所示。

图 3-3-3　填充效果

小技巧：可以按 D 键将前景色和背景色设置为默认的黑色和白色。

（3）选择横排文字工具，在工具属性栏中设置字体为"方正琥珀简体"，字号为"110点"，字的颜色为"白色"。设置完毕后输入文本 Happy，效果如图 3-3-4 所示。

图 3-3-4　文字效果

步骤 2　对文字进行特效处理，达到最终效果

（1）单击"图层"面板下方的"添加图层样式"按钮，然后在弹出的菜单中选择"内发光"命令，如图 3-3-5 所示。

（2）在"图层样式"对话框中，设置"内发光"，参数如图 3-3-6 所示，设置完后单击"确定"按钮。

（3）在"图层样式"对话框中，设置"斜面和浮雕"，参数如图 3-3-7 所示，设置完后单击"确定"按钮。

图 3-3-5　添加图层样式

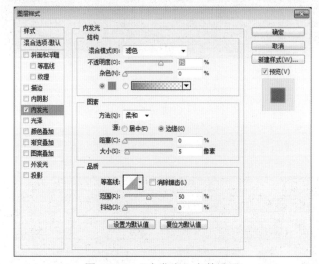

图 3-3-6　"内发光"参数设置

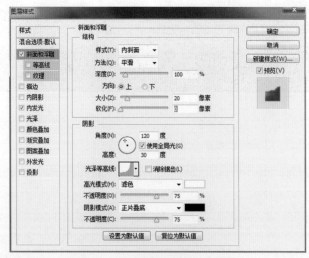

图 3-3-7　"斜面和浮雕"参数设置

（4）在"图层样式"对话框中，设置"渐变叠加"，参数如图 3-3-8 所示，设置完后单击"确定"按钮。

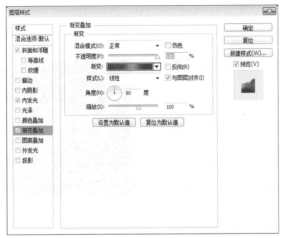

图 3-3-8 "渐变叠加"参数设置

（5）在"图层样式"对话框中，设置"光泽"，参数如图 3-3-9 所示。

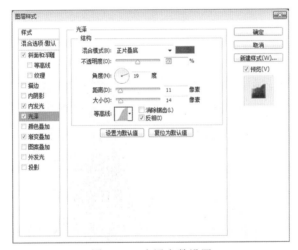

图 3-3-9 光泽参数设置

（6）设置完后单击"确定"按钮，得到文字效果，如图 3-3-10 所示。

图 3-3-10 设置后的文字效果

步骤 3 变形文字，达到最终效果

（1）选中文字图层，在工具栏中选择横排文字工具，在其属性栏中单击文字变形"![]"按钮，打开"变形文字"对话框，如图 3-3-11 所示，按图示设置参数，单击"确定"按纽，效果如图 3-3-12 所示。

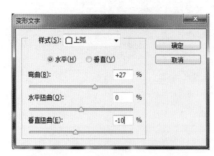

图 3-3-11 "变形文字"对话框 　　　　图 3-3-12 文字变形效果

小知识：使用"变形文字"对话框，可以对文本进行多种变形，只有在输入文本后该按钮才能使用。

（2）拖动文本图层到"图层"面板下方的"创建新图层"按钮上，如图 3-3-13 所示，创建该图层的一个副本。

（3）选择菜单栏中的【图层】→【图层样式】→【创建图层】命令，效果如图 3-3-14 所示。

图 3-3-13 建立图层副本 　　　　图 3-3-14 创建图层

（4）按住 Shift 键的同时单击"图层"面板中最上面的图层，然后再单击图层"Happy 副本"，选中如图 3-3-15 所示的这几个图层，然后按 Ctrl+E 组合键将它们合并为一个图层，如图 3-3-16 所示。

图 3-3-15　选择图层

图 3-3-16　合并图层

（5）单击"图层"面板下方的"添加图层样式"按钮，选择"斜面和浮雕"，打开"图层样式"对话框，设置"斜面和浮雕"，参数如图 3-3-17 所示，单击"确定"按钮，效果如图 3-3-18 所示。

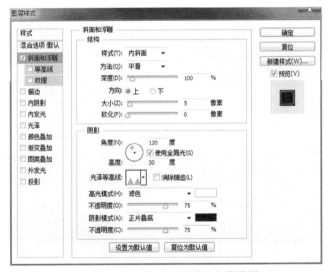

图 3-3-17　"斜面和浮雕"参数设置

图 3-3-18　"斜面和浮雕"效果

项目三　文字应用

（6）在"图层"面板中，将"图层模式"设置为"颜色减淡"，如图 3-3-19 所示。

图 3-3-19　颜色减淡

（7）设置完毕后，得到如图 3-3-20 所示的最终效果。

图 3-3-20　最终效果

3.4　任务小结

本任务系统地讲解了"文字变形"和"图层样式"的设定等知识，并利用"图层样式"对话框对文字进行各种特效处理，得到最终效果。

项目四　图像处理

Photoshop CS6 中提供了一系列调整图像色彩的命令以及路径工具。本项目通过宣传海报设计、照片着色两个具有代表性任务的完成，使读者对图像色彩调整、路径的基本应用和技巧进行学习。

【能力目标】

- 能掌握海报设计原则、技巧
- 能灵活使用路径工具
- 能运用图像颜色调整的相关知识给图片调整色彩

任务一　宣传海报设计

1.1　任务描述

速茗原片绿茶专卖店要求给其设计一幅茶叶的商业海报，作为"双十一"促销产品的宣传海报。专卖店提出了设计要求，提供了设计素材资料以及设计制作效果图的样图。样图如图 4-1-1 所示。希望作为设计师的你能尽快完成此任务。

图 4-1-1　宣传海报样图

1.2　任务分析

为了更好地使设计起到宣传作用，引起消费者的购买欲望，从而促进销售，使商家盈利，本着实用性强的原则，充分利用图形文字和色彩等设计要素，强化和完善平面设计的效果，达到商业设计的要求。

知识点：

（1）版式设计的技巧。

（2）透视效果。

（3）能熟练运用横排文字工具。

1.3　任务实施

步骤 1　置入图像并调整大小

（1）按如图 4-1-2 所示的参数，新建一个"宣传海报设计 .psd"图形文件。

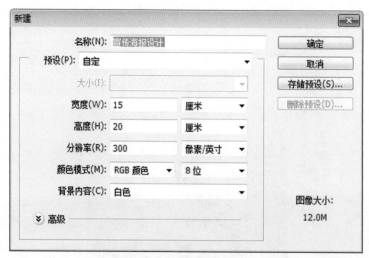

图 4-1-2　"新建"对话框

（2）选择菜单栏中的【文件】→【置入】命令，打开本书网络资源中的"素材 \ 项目四 \4-1-2.jpg"素材文件。

（3）选择菜单栏中的【图层】→【栅格化】→【智能对象】命令或者在置入的图层上右击，在快捷菜单中选择"栅格化图层"命令栅格化图层，使置入图层转化为普通图层。

（4）按 Ctrl+T 组合键改变图像大小，效果如图 4-1-3 所示。

图 4-1-3　改变图像大小

小知识：打开和置入的区别

选择菜单栏中的【文件】→【打开】命令，可以将新打开的图像文件和原有的文件同时打开，两个图像文件或多个图像文件并行存在；选择菜单栏中的【文件】→【置入】命令，将图片置入到原图像文件中，生成一个置入图层。在 Photoshop CS6 中，可以置入 PDF、Illustrator 和 EPS 文件；在 ImageReady 中，除了包含 CMYK 图像的 Photoshop（PSD）文件以外，其他任何受支持格式的文件都可以置入。

PDF、Illustrator 或 EPS 文件在置入之后必须要栅格化，转换为普通图层，才可以编辑所置入的图片、文本或矢量数据。

步骤 2　打开素材选取图像

（1）打开本书网络资源中的"素材 \ 项目四 \ 壶 .jpg"文件。在工具箱中选择磁性套索工具把"壶 .jpg"的图像载入选区，得到如图 4-1-4 所示的效果。

图 4-1-4　载入选区

小知识：套索工具组的不同用法

套索工具"⊘"：单击它，鼠标指针变为套索状，在画布窗口内沿着图像的轮廓拖动，可创建一个不规则的选区。

多边形套索工具"⊠"：单击它，鼠标指针变为多边形套索状，单击多边形选区的起点，再依次单击多边形选区的各个顶点，最后单击多边形选区的起点，就形成了一个闭合的多边形选区。

磁性套索工具"⊠"：单击它，鼠标指针变为磁性套索状，在画布内拖动，最后在终点处双击，即可创建一个不规则的选区。

（2）将选区拖动到"宣传海报设计.psd"文档中，把图像移至右下角，效果如图 4-1-5 所示。

图 4-1-5　将选区拖动到文档

小技巧：

属性栏中的四种选区形式，可以运用魔棒工具对图像选择的范围扩大或缩小。

单击第一个按钮"▣"，用魔棒工具单击图像，可缩小选区范围。

单击第二个按钮"▣"，用魔棒工具单击图像，可扩大选区范围。

步骤3　制作蒸汽效果

（1）新建"图层2"，设置前景色为白色，用画笔在画面中绘制两条曲线，效果如图 4-1-6 所示。

（2）选择菜单栏中的【滤镜】→【模糊】→【动感模糊】命令，设置参数，如图 4-1-7 所示，单击"确定"按钮，效果如图 4-1-8 所示。

图 4-1-6　绘制曲线

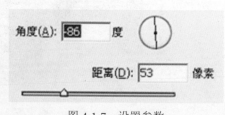

图 4-1-7　设置参数

图 4-1-8 动感模糊

步骤 4 导入其他素材

（1）打开本书网络资源中的"素材\项目四\4-1-9.jpg"素材文件，效果如图 4-1-9 所示。

图 4-1-9 导入素材文件

（2）选择魔棒工具将容差值改为 30，并单击白色区域，将其选中并按 Delete 键删除，然后取消选区。把图像移至图 4-1-8 中，效果如图 4-1-10 所示。

图 4-1-10 移动图像

（3）选中图层4，选择菜单栏中的【编辑】→【变换】→【透视】命令，按方向键来调整图像的位置，达到如图4-1-11所示的效果。

图 4-1-11　变换选区

小技巧：在选定被编辑图像后会出现调整框，将光标放在四角任一变换点上并拉动，即可将选区变换为"透视"效果。

步骤5　输入文字，达到最终效果

选择工具箱中的横排文字工具，在画面的左上角输入"茶叶文化，味美鲜香"，设置"茶"字体为"方正大标宋"，字号为"41点"；"叶文化，味美鲜香"字号为"15点"，颜色为#b16a51。用同样的方法输入其他文字，并调整位置，得到最终效果，如图4-1-12所示。

图 4-1-12　输入文字

1.4 任务小结

本任务主要使读者掌握套索工具、魔棒工具的不同操作技巧，通过对所学内容与图像的变换等新知识的有效结合，顺利完成实例的制作。

任务二　照片着色

2.1 任务描述

某影楼接到一个新的工作任务，客户要求把自己的一张黑白照片着色成为彩色照片。黑白照片如图 4-2-1 所示，要求达到的彩色效果如图 4-2-2 所示。

图 4-2-1　着色前

图 4-2-2　着色后

2.2 任务分析

此任务主要是使用钢笔工具来绘制路径，并将路径载入选区，调整选区的色彩，最后实现选区的着色。

知识点：

（1）钢笔工具组的使用。
（2）路径、路径节点。

2.3 创建与编辑路径

1. 路径

路径是 Photoshop CS6 的重要组成部分，是用 Photoshop CS6 精确绘制图像、选择图像和修饰图像的重要工具。

　　路径由无数个节点构成，通过对节点的编辑来改变路径的形状；编辑节点包括添加节点、删除节点、平均节点等，可以在任何路径上添加或删除节点。添加节点可以更好地控制路径的形状，有助于编辑路径。同样，可以通过删除节点来改变路径的形状或简化路径。如果路径中包含众多的节点，而有的节点的作用并不大，删除不必要的节点可以减少路径的复杂程度，并且能够使路径看上去更简洁。

　　2．钢笔工具组

　　在 Photoshop CS6 的工具箱中，右击"钢笔工具"按钮可以显示出钢笔工具组，如图4-2-3 所示，通过这 5 个工具可以完成路径的前期绘制工作。

图 4-2-3　钢笔工具组

　　（1）钢笔工具常常用于制作一些复杂的线条，用它可以画出很精确的曲线。在属性栏中的"选择工具模式"下拉列表中有三种创建模式：形状、路径和像素，如图 4-2-4 所示。

图 4-2-4　创建模式

　　创建形状图层模式不仅可以在"路径"面板中新建一个路径，同时还可以在"图层"面板中创建一个形状图层，并可以在创建之前设置形状图层的样式，如混合模式和不透明度的大小。

　　在属性栏中勾选"自动添加 / 删除"复选框，可以在绘制路径的过程中对绘制出的路径添加或删除锚点。

　　（2）自由钢笔工具画出的线条就像用铅笔在纸上画出来的一样。

　　（3）添加锚点工具可以在任何路径上增加新锚点。

　　（4）删除锚点工具可以在路径上删除任何锚点。

　　（5）转换点工具可以将一条光滑的曲线变成直线，反之亦然。

2.4　任务实施

　　（1）打开本书网络资源中的"素材 \ 项目四 \4-1-2.jpg"素材文件。

　　（2）单击工具箱中的"钢笔工具"按钮，在属性栏中的"选择工具模式"下拉列表中选择"路径"选项。

　　（3）沿着男士衣服边缘绘制路径，如图 4-2-5 所示。

图 4-2-5　绘制路径

小技巧：使用自由钢笔工具绘制时在属性栏中勾选"磁性的"，可以方便绘制工作路径。

（4）沿着衣服轮廓线依次单击或者调整路径曲线，最后将鼠标指针移到第一个路径节点处，鼠标指针会出现一个小圆圈，单击第一个路径节点，构成一个封闭的路径曲线。此时，"路径"面板内会自动添加一个"工作路径"路径层，如图 4-2-6 所示。

图 4-2-6　衣服轮廓工作路径

小知识：路径调板

绘制好的路径曲线都在"路径"面板中，在"路径"面板中我们可以看到每条路径曲线的名称及其缩略图，如图 4-2-7 所示。

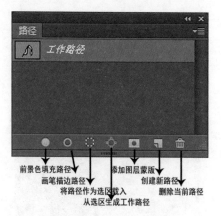

图 4-2-7　"路径"面板

（5）单击工具箱中的直接选择工具 " 🔍 " 按钮，单击路径曲线，此时路径曲线的所有路径节点都会显示出来。

小知识：路径选择工具组

右击工具箱中的路径选择工具 " 🔍 " 按钮，打开如图 4-2-8 所示的路径选择工具组。

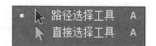

图 4-2-8　路径选择工具组

路径选择工具可以选择两种不同的路径组件。

直接选择工具可以单独调节路径上节点的位置和曲率，如图 4-2-9 所示。

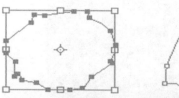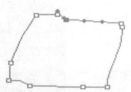

图 4-2-9　直接选择工具调节路径上节点的位置和曲率

（6）用鼠标指针拖动路径节点或路径节点切线的控制柄，可以调整路径节点的位置和路径曲线的弧度。

（7）选中要调整的节点并右击，在弹出的快捷菜单中选择"自由变换点"命令，会在节点四周出现一些控制柄，进入自由变换状态。用鼠标指针拖动各控制柄，可以改变节点的位置、节点切线的方向和路径曲线的弧度。最后按 Enter 键，确定调整结果。

（8）单击"路径"面板内的"将路径作为选区载入"按钮，即可将路径转换为选区，或按住 Ctrl 键，单击"路径"面板中的路径缩略图，也可以将路径转换为选区，如图 4-2-10 所示。

图 4-2-10　将路径作为选区载入

（9）选择菜单栏中的【图像】→【调整】→【色相／饱和度】命令，打开"色相／饱和度"对话框，按图 4-2-11 所示设置参数，最后单击"确定"按钮。

图 4-2-11　"色相／饱和度"对话框

（10）按照上述方法，将新娘裙子轮廓路径转换为选区。在"色相／饱和度"对话框中设置参数，即给头纱和裙子着色，效果如图 4-2-12 所示。

图 4-2-12　裙子着色后效果

（11）按照上述方法，创建皮肤轮廓的选区，给皮肤着色，效果如图 4-2-13 所示。

图 4-2-13　皮肤着色后效果

（12）按照上述方法，创建整个人物背景的选区，给人物背景着色，效果如图 4-2-14 所示。

图 4-2-14　背景着色

2.5　任务小结

本任务主要使读者掌握使用钢笔工具来绘制路径，以及熟练调节路径节点的位置和控制柄，同时可以将路径转换为选区来编辑图像色彩，从而完成对黑白照片的着色。

项目五　图像色彩调整

要想创作出精美的图像，色彩调整是必不可少的。Photoshop CS6 中提供了一系列调整图像色彩的命令，包括色彩平衡、曲线、亮度／对比度以及一些特殊色彩效果的制作。使用这些命令，用户可以在同一图像中调配出不同颜色的效果，从而有效地控制色彩，设计出高品质的图像。本项目通过制作快照、制作风景照两个具有代表性任务的完成，对图像色彩调整的基本应用和技巧进行学习。

【能力目标】

- 能制作图像的快照效果
- 能调整图像的色调
- 能将彩色图像变成黑白图像
- 能运用图像色彩调整的相关知识给图片调整色彩
- 能制作不同效果的风景照

任务一　制作快照

1.1　任务描述

某客户要求摄影中心对一幅风景照片进行装饰处理，在图片上制作图像的快照效果，如图 5-1-1 所示。项目负责人要求设计人员在较短的时间内应用 Photoshop CS6 快速地完成该任务。

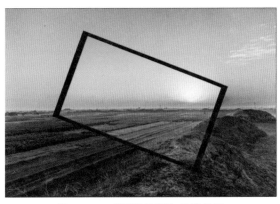

图 5-1-1　"图像快照"最终效果

1.2 任务分析

为了使一张平淡的图片更具艺术效果，引起观众的注意，可以给该图片增加动感的快照效果。完成此任务，首先应打开背景图片，在图像中创建矩形选区，然后对图像进行色彩调整，并变换选区得到最终效果。

知识点：

（1）去色命令。

（2）色彩平衡命令。

1.3 任务实施

步骤 1　打开素材，创建矩形选区

（1）启动 Photoshop CS6，打开本书网络资源中的"素材\项目五\5-1-2.jpg"素材文件，如图 5-1-2 所示。

图 5-1-2　背景图片

（2）选择工具箱中的"矩形选框工具"，在图像中创建适当大小的矩形选区，如图 5-1-3 所示。

图 5-1-3　用"矩形选框工具"创建选区

（3）选择菜单栏中的【选择】→【变换选区】命令，拖动调整框，旋转选区，按回车键确认变换操作，效果如图 5-1-4 所示。

图 5-1-4　变换选区

步骤 2　去色

（1）选择菜单栏中的【选择】→【反向】命令。

（2）选择菜单栏中的【图像】→【调整】→【去色】命令，效果如图 5-1-5 所示。

图 5-1-5　去色效果

小知识：通过"去色"命令，可将彩色图像转换为灰度图像，但图像的颜色模式保持不变。

步骤 3　运用"色彩平衡"命令调整色彩

（1）选择菜单栏中的【选择】→【反向】命令。

（2）选择菜单栏中的【图像】→【调整】→【色彩平衡】命令，打开如图 5-1-6 所示的"色彩平衡"对话框，或者单击"图层"面板中下方的创建新的填充或调整图层" ⊘. "按钮，在弹出的快捷菜单中选择"色彩平衡"命令，打开如图 5-1-7 所示的色彩平衡"属性"面板，按照图 5-1-6 或图 5-1-7 设置参数，单击"确定"按钮，效果如图 5-1-8 所示。

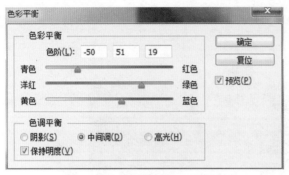

图 5-1-6　"色彩平衡"对话框

图 5-1-7　色彩平衡"属性"面板

图 5-1-8　色彩平衡效果

小知识：色彩平衡

（1）"色彩平衡"命令可改变彩色图像中颜色的组成，此命令只是对图像进行粗略地调整，不能像"色阶"和"曲线"命令一样来进行较准确的调整。

（2）选择菜单栏中的【图像】→【调整】→【色彩平衡】命令，打开"色彩平衡"对话框，如图 5-1-6 所示。可以在"色彩平衡"区域中的"色阶"文本框中直接输入数字来精确调整色彩平衡度或通过拖动下面的三角滑钮来调整色彩平衡度；在"色调平衡"区域中分别选择"阴影""中间调"或"高光"单选按钮对图像的不同部分进行色调平衡调整。

（3）如果要在改变颜色的同时保持原来的亮度值，则可勾选"色彩平衡"区域中的"保持明度"复选框。

步骤 4 为选区添加变形框

（1）按 Ctrl+T 组合键为选区添加变形框。

（2）按 Shift+Alt 组合键的同时拖动变形框，缩小选区内的图像至适当位置后，按回车键确认变形操作。

（3）按 Ctrl+D 组合键取消选区，选择工具箱中的"魔棒工具"，将白色边框载入选区。

（4）选择【图像】→【调整】→【反向】命令，此时边框由白色变为黑色，快照效果完成，最终效果如图 5-1-1 所示。

1.4 任务小结

通过本任务的完成，读者应掌握图像调整中的"去色"及"色彩平衡"命令，并能运用"去色"及"色彩平衡"命令调整任何背景的图像，以制作丰富多彩的图像。

任务二 制作风景照

2.1 任务描述

一个摄影爱好者拍摄了一张风景照如图 5-2-1 所示，由于色彩不太饱满，没有达到拍摄者的要求，因此摄影爱好者要求应用 Photoshop CS6 对照片的色彩进行调整，以达到色彩饱满的风景照效果，然后再添加一些薄雾，效果如图 5-2-2 所示。

图 5-2-1　原始图片

图 5-2-2　处理后的效果

2.2 任务分析

为了使拍摄的照片更加美观、色彩饱满，达到拍摄者的要求，可以充分利用 Photoshop CS6 中的色彩调整功能来强化图片的色彩效果。完成此任务，首先要调整整体图像色彩，然后运用"图层蒙版"对图片进行局部调整、建立云雾效果，最后对图像进行色彩微调，达到最终效果。

知识点：

（1）"曲线"命令。

（2）"亮度／对比度"命令。

（3）"色相／饱和度"命令。

（4）"可选颜色"命令。

（5）"通道混合器"命令。

（6）盖印图层。

2.3　任务实施

步骤 1　调整整体图像色彩

（1）启动 Photoshop CS6，打开本书网络资源中的"素材 \ 项目五 \5-2-1.jpg"素材文件，如图 5-2-1 所示。

（2）选择菜单栏中的【图层】→【新建调整图层】→【可选颜色…】命令，打开"新建图层"对话框，如图 5-2-3 所示，单击"确定"按钮，即可新建一个"可选颜色"调整图层，如图 5-2-4 所示，同时打开"可选颜色"属性面板，如图 5-2-5 所示，分别对黄色和绿色按图 5-2-6 和图 5-2-7 所示设置参数。

图 5-2-3　"新建图层"对话框

图 5-2-4　新建"可选颜色"调整图层面板

图 5-2-5　"可选颜色"属性面板

图 5-2-6　"可选颜色"黄色属性面板　　　　图 5-2-7　"可选颜色"绿色属性面板

小知识：可选颜色

（1）选择菜单栏中的【图像】→【调整】→【可选颜色…】命令，弹出"可选颜色"对话框，如图 5-2-8 所示，通过调整该对话框中的相关参数，也可调整图像的颜色，只是不能创建"可选颜色"调整图层。

图 5-2-8　"可选颜色"对话框

（2）在"可选颜色"对话框中，可对 RGB、CMYK 和灰度等色彩模式的图像进行分通道颜色调整：

在"颜色"下拉列表框中，选择要修改的颜色通道，然后拖动下面的三角滑块改变该通道颜色。

在"方法"选项中："相对"单选按钮用于调整现有的 CMYK 相对值，假设图像中现在有 50% 的黄色，如果增加了 10%，那么实际增加的黄色是 5%，也就是说增加后为 55% 的黄色；"绝对"单选按钮用于调整现有的 CMYK 绝对值，假设图像中现在有 50% 的黄色，如果增加了 10%，则增加后有 60% 的黄色。

项目五

图像色彩调整

（3）选择菜单栏中的【图层】→【新建调整图层】命令，打开"新建调整图层"的下拉菜单，如图 5-2-9 所示。"新建调整图层"菜单包括"色阶""曲线""色彩平衡""亮度/对比度""色相/饱和度""可选颜色""通道混合器"等命令。通过为图像添加调整图层，可以在修改和重新调整图像时，方便查找上一次操作的参数。

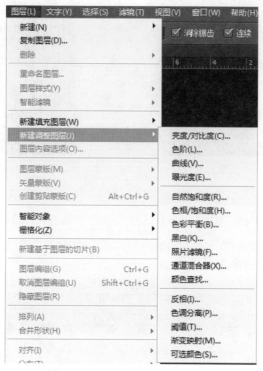

图 5-2-9　"新建调整图层"菜单

新建调整图层有两种方法：

方法一：选择菜单栏中的【图层】→【新建调整图层】命令，创建调整图层。

方法二：单击"图层"面板下方的创建新的填充或调整图层"⬤."按钮，如图 5-2-10 所示，在弹出的快捷菜单中选择需要创建的图层种类，即可创建调整图层。

图 5-2-10　创建新的填充或调整图层"⬤."按钮

（3）选择菜单栏中的【图层】→【新建调整图层】→【曲线】→【确定】命令，即可新建一个"曲线"图层，同时打开"曲线"属性面板，如图 5-2-11 所示。

（4）按如图 5-2-11 所示的参数对通道中的 RGB 值进行设置，单击"确定"按钮，完成对 RGB 通道色彩的调整。

（5）按如图 5-2-12 所示的参数对通道中的"红"单色通道进行设置，单击"确定"按钮，完成对"红"单色通道色彩的调整。

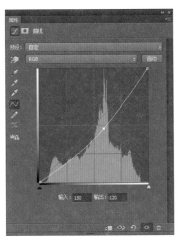

图 5-2-11　RGB 通道曲线调整

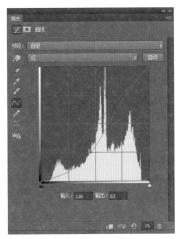

图 5-2-12　　"红"单色通道曲线调整

小知识："曲线"命令

（1）通过"曲线"命令，可以对图像的整个色调范围进行调整，也可通过该命令对单色颜色通道进行精确的调整。选择菜单栏中的【图像】→【调整】→【曲线】命令，或者选择菜单栏中的【图层】→【新建调整图层】→【曲线】命令，即可新建一个"曲线"图层，单击"曲线"图层，打开"曲线"属性面板，如图 5-2-13 所示。通过"曲线"属性面板，也可调整 RGB 总通道颜色或单色通道颜色。

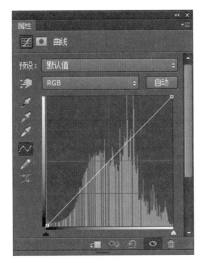

图 5-2-13　"曲线"属性面板

项目五

图像色彩调整

83

（2）在"曲线"属性面板中，横轴用来表示图像原来的亮度值，纵轴用来表示新的亮度值，对角线用来显示当前"输入"和"输出"数值之间的关系，在没有进行调整时，所有的像素都有相同的输入和输出数值。

在"曲线"属性面板中可选择合成的通道进行调整，也可选择不同的单色通道来进行单色调整。

步骤 2　调整局部图像色彩

（1）选中"曲线 1"图层，在图层蒙版中用黑色画笔擦掉除"水面"以外的其他部分，图层蒙版缩略图如图 5-2-14 所示，最终得到如图 5-2-15 所示的效果。

图 5-2-14　图层蒙版缩略图

图 5-2-15　步骤二完成效果

（2）选择菜单栏中的【图层】→【新建调整图层】→【通道混合器】→【确定】命令，可新建一个"通道混合器"图层，同时打开"通道混合器"属性面板，如图 5-2-16 所示，对输出通道中的"红""蓝"通道分别按如图 5-2-17、图 5-2-18 所示的参数进行设置。

图 5-2-16　　"通道混合器"属性面板

图 5-2-17　　"通道混合器"红色通道参数

图 5-2-18　　"通道混合器"蓝色通道参数

小知识：通道混合器

通过"通道混合器"命令，可以分别对各个图层通道进行颜色调整。选择菜单栏中的【图像】→【调整】→【通道混合器】命令，或者选择菜单栏中的【图层】→【新建调整图层】→【通道混合器】命令，也可打开"通道混合器"属性面板，如图 5-2-16 所示。

在"通道混合器"属性面板的"输出通道"下拉列表中，选择要调整的颜色通道，再拖动下面的三角滑块可改变各颜色。

项目五

图像色彩调整

必要情况下，可以调整"常数"值，以增加该通道的补色，或是勾选"单色"复选框，以制作出灰度图像。

（3）选中"通道混合器 1"图层，在图层蒙版中用黑色画笔擦掉除"房子"以外的其他部分，图层蒙版缩略图如图 5-2-19 所示，得到如图 5-2-20 所示的效果。

图 5-2-19　图层蒙版缩略图

图 5-2-20　完成图像效果

（4）新建"图层 1"，并填充成绿色（#375203）。

（5）把"图层"面板中的"图层混合模式"设置为"叠加"，不透明度设置为 80%。

（6）选择菜单栏中的【图层】→【新建调整图层】→【色相 / 饱和度】→【确定】命令，创建"色相 / 饱和度"调整图层，同时打开"色相 / 饱和度"属性面板，参数设置如图 5-2-21 所示。

图 5-2-21　"色相 / 饱和度"属性面板

小知识：色相 / 饱和度

通过"色相 / 饱和度"命令可以控制图像的色相、饱和度和明度，如图 5-2-21 所示。

在"全图"下拉列表框中，包括红色、绿色、蓝色、青色、洋红以及黄色 6 种颜色，可选择任何一种颜色进行调整，或者选择默认选项"全图"来调整所有的颜色。

通过拖动三角滑块可改变"色相""饱和度"和"明度"，在面板的下面有两个色谱，上面的色谱表示调整前的状态，下面的色谱表示调整后的状态。

勾选"着色"复选框后，图像变成单色，拖动三角滑块来改变色相、饱和度和亮度。

通过选择菜单栏中的【图像】→【调整】→【色相 / 饱和度】命令，打开"色相 / 饱和度"对话框，如图 5-2-22 所示。通过该对话框也可完成对"色相 / 饱和度"的调整。

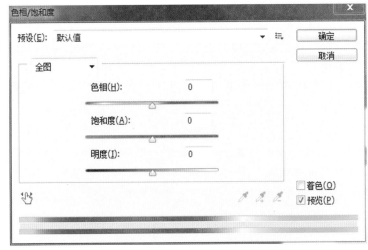

图 5-2-22　"色相 / 饱和度"对话框

步骤3　建立云雾效果

（1）新建"图层2"，按 D 键，把前景色、背景色恢复到默认的黑白。

（2）选择菜单栏中的【滤镜】→【渲染】→【云彩】→【确定】命令。

（3）按 Ctrl+Alt+F 组合键加强云彩滤镜。

（4）把"图层"面板中的"图层混合模式"设置为"滤色"。

（5）单击"图层"面板下方的"添加蒙版"按钮，为该图层加上图层蒙版，用黑色画笔擦掉多余的部分。

（6）选择菜单栏中的【图层】→【新建调整图层】→【可选颜色】→【确定】命令，或在"图层"面板下方单击创建新的填充或调整图层" 🗗. "按钮，创建"可选颜色"调整图层，对红色及绿色进行调整，绿色参数设置如图5-2-23所示。

图5-2-23　可选颜色绿色参数

（7）新建"图层3"，按 Ctrl+Alt+Shift+E 组合键盖印图层，按 Ctrl+Shift+U 组合键去色。

（8）把"图层"面板中的"图层混合模式"设置为"柔光"，图层不透明度改为40%，以完成云雾效果。

小知识：盖印图层

盖印图层，也就是在将多个可见图层合并为一个图层的同时，保留原图层。这样既可避免合并图层时所造成的图层丢失，又方便查找原有图像的参数。

按 Ctrl+Shift+Alt+E 组合键，便可以将当前图层中所有的可见图层进行盖印处理。

步骤4　微调

选择菜单栏中的【图像】→【调整】→【亮度 / 对比度】命令，参数设置如图5-2-24所示，最终完成效果如图5-2-25所示。

图 5-2-24 "亮度 / 对比度"调整属性面板

图 5-2-25 最终完成效果

小知识：亮度 / 对比度

使用"亮度 / 对比度"命令可以对图像的亮度和对比度进行调整。对高精度的图像文件使用"亮度 / 对比度"命令会使图像丢失细节元素。因此，该命令多用于数码照片的调整。

2.4 任务小结

本任务介绍了风景照片的调色。该任务的完成主要应用了调整图层、图层的混合模式、图像的调整等相关知识，对于各知识点要灵活运用，才能制作出更佳的风景照片效果。由于个人的审美及爱好不同，即使是同一张照片，调出的色调也千变万化。调色只能作为一种参考，如何把握好色调则需要自己去努力。

项目六 蒙版和通道

蒙版和通道是 Photoshop CS6 图像处理的重要工具，也是 Photoshop CS6 极具特色的设计和图像处理工具。Photoshop CS6 中的所有颜色都是由若干个通道来表示的，通道可以保存图像中所有的颜色信息。而蒙版技术的使用则使修改图像和创建复杂的选区变得更加方便。本项目通过合成图片、处理个人写真和处理婚纱照三个代表性任务的完成，对蒙版和通道使用技巧进行学习。

本项目的学习可使读者具备通道和蒙版使用方面的能力。

【能力目标】

- 学会合成图像
- 掌握图像的边缘淡化效果
- 学会抠出边缘复杂的图像，如毛发等
- 学会抠出透明的图像，如婚纱、玻璃等
- 了解使用通道改变图像的色彩

任务一 合成图片

1.1 任务描述

公司接到一个客户的任务单，要求把如图 6-1-1、图 6-1-2 所示的两幅风景素材合成为一幅完整的风景画，效果如图 6-1-3 所示。项目经理要求你用 Photoshop CS6 快速完成此任务。

图 6-1-1 风景素材一

图 6-1-2　风景素材二

图 6-1-3　合成效果

1.2　任务分析

此任务主要是将两幅图像合成一幅完整的图像，使其之间的拼接处没有痕迹，这就要求使用工具操作时必须柔化边缘，以达到无痕迹效果。

知识点：

（1）"添加图层蒙版"命令。

（2）橡皮擦工具。

1.3 任务实施

步骤 1 合成图片

（1）启动 Photoshop CS6，打开本书网络资源中的"素材 \ 项目六 \6-1-1.jpg、6-1-2.jpg"素材文件，如图 6-1-4 所示。

图 6-1-4 打开风景素材

（2）单击工具箱中的"移动工具"按钮，把素材 6-1-2.jpg 拖拽到素材 6-1-1.jpg 窗口中，效果如图 6-1-5 所示。

图 6-1-5 移动素材后的效果

步骤 2 柔化边缘，达到无痕迹的效果

（1）在"图层"面板中，单击"添加图层蒙版"按钮，效果如图 6-1-6 所示。

图 6-1-6　添加图层蒙版

（2）单击"渐变工具"按钮，在其属性栏中设置参数，如图 6-1-7 所示，在图像上自上而下进行拖拽，效果如图 6-1-8 所示。

图 6-1-7　"渐变工具"属性栏

图 6-1-8　添加蒙版后的效果

小知识：

（1）蒙版的概念。蒙版是 Photoshop CS6 提供的一种屏蔽图像的方式，使用它可以将一部分图像区域保护起来。

（2）添加图层蒙版。在"图层"面板中，单击添加图层蒙版"▣"按钮，当前图层的后面就会显示蒙版图标（背景图层不能创建蒙版）。

当创建一个图层蒙版时，它是自动和图层中的图像链接在一起的，在"图层"面板中图层和蒙版之间有链接符号"⛓"，此时若用移动工具在图像中移动，则图层中的图像和蒙版将同时移动。单击链接符号"⛓"，符号就会消失，此时可分别选中图层图像和蒙版进行移动。

（3）删除图层蒙版。

方法一：选择菜单栏中的【图层】→【移去图层蒙版】命令，如果要完全删除掉蒙版，就选择子菜单中的"扔掉"命令，如果要将蒙版合并到图层上，就选择"应用"命令。

方法二：单击"图层"面板中的蒙版缩略图，然后将其拖拽到"图层"面板中的垃圾桶图标上，或选中蒙版缩略图后单击垃圾桶图标，在弹出的对话框中有 3 个选项："应用""取消""删除"，根据需要选择即可，如图 6-1-9 所示。

图 6-1-9　询问是否将蒙版应用到图层

（3）选择工具箱中的"画笔工具"，选择适当的画笔大小，将前景色设置为默认的黑色，在图像拼接处进行涂抹，最终效果如图 6-1-10 所示。

图 6-1-10　画笔修饰后的效果

（4）选择菜单栏中的【图像】→【调整】→【色相 / 饱和度】命令或按 Ctrl+U 组合键，打开"色相 / 饱和度"对话框，各参数设置如图 6-1-11 所示，最后得到最终效果。

图 6-1-11　"色相 / 饱和度"对话框

1.4　任务小结

本任务将两幅素材图像合成一副完美的画面，主要运用了"添加图层蒙版""色相 / 饱和度"命令，蒙版主要是用来保护被屏蔽的区域，使该区域在编辑图像时不受影响，而只对未被屏蔽的区域进行操作。

任务二　处理个人写真

2.1　任务描述

某婚纱摄影中心接到一个客户的任务单，客户要求把个人写真照片中的人物抠出放到另外一幅自然风景图片上，效果自然，看不出痕迹。原图如图 6-2-1 所示，达到的效果如图 6-2-2 所示。

图 6-2-1　原图

图 6-2-2 　最终效果图

2.2 　任务分析

给人物换背景主要是把人物抠出来，对原图中的人物外轮廓做选区非常简单，但是对人的发丝用常规工具做选区难度非常大，必须借助通道来做复杂的选区，才能将人物完整地抠出来。

知识点：

（1）"多边形套索"工具。
（2）"通道"面板。
（3）"羽化"命令。
（4）利用通道创建选区。

2.3 　任务实施

步骤 1　编辑红色通道

（1）打开本书网络资源中的"素材\项目六\6-2-1.jpg"素材文件，如图 6-2-1 所示。

（2）打开"通道"面板，分别选中红色通道、绿色通道和蓝色通道，如图 6-2-3 至图 6-2-5 所示。

小技巧：对各个通道进行明暗对比，选择对比比较强烈的通道进行复制，会为下面的操作带来方便。

（3）通过红色通道、绿色通道、蓝色通道三个通道的对比发现，红色通道中头发和背景图片的明暗对比最强烈，所以将红色通道进行复制得到红色通道副本。

（4）在红色通道副本中，选择菜单栏中的【图像】→【调整】→【反相】命令，效果如图 6-2-6 所示。

图 6-2-3　红色通道

图 6-2-4　绿色通道

图 6-2-5　蓝色通道

图 6-2-6　反向后的效果

（5）选择菜单栏中的【图像】→【调整】→【色阶】命令，弹出"色阶"对话框，其参数设置如图 6-2-7 所示，单击"确定"按钮，加强明暗对比。

（6）选择菜单栏中的【图像】→【调整】→【曲线】命令，弹出"曲线"对话框，其参数设置如图 6-2-8 所示，单击"确定"按钮，加强明暗对比。

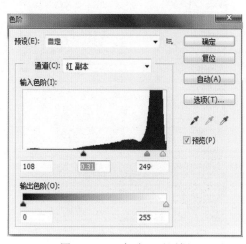

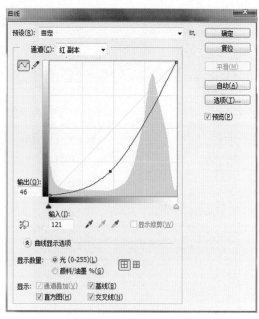

图 6-2-7 "色阶"对话框　　　　图 6-2-8 "曲线"对话框

　　（7）选择工具箱中的多边形套索工具"☑"按钮，并将羽化值设置为 2 个像素，将人物外轮廓载入选区，如图 6-2-9 所示。

　　（8）将选区内填充为黑色，其效果如图 6-2-10 所示。

图 6-2-9　载入选区的效果　　　　图 6-2-10　填充黑色后的效果

（9）在"通道"面板中，单击"通道"面板下方的将通道作为选区载入"◯"按钮，则黑色部分被载入选区。

（10）在"通道"面板中，单击RGB复合通道，把人物载入选区，红色通道编辑完成。

步骤2　将人物合成到风景图像中

（1）打开本书网络资源中的"素材\项目六\6-2-11.jpg"素材文件，如图6-2-11所示。

图6-2-11　风景图片

（2）选择工具箱中的移动工具"▸✛"按钮，将载入选区中的人物拖拽到图6-2-11中，其最终效果如图6-2-2所示。

2.4　任务小结

本任务主要是通过通道做选区，在通道中黑色部分是载入选区的内容，白色部分是选区外的内容，重点把握黑色区域的填充面积。

任务三　处理婚纱照

3.1　任务描述

某婚纱摄影中心接到一个客户的任务单，客户要求将原图中的婚纱人物抠出来放在另外一张灰色背景图片上，并且保持婚纱的透明部分。原图和最终效果图如图6-3-1、6-3-2所示。项目经理要求你快速地完成该任务。

图 6-3-1　原图

图 6-3-2　最终效果图

3.2　任务分析

此任务中人物和背景的颜色反差比较大，用常规的方法就能将人物抠出来。重点在于婚纱的透明部分，必须要用通道做出透明的效果，才能达到预期的效果。

知识点：

（1）加强"通道"知识。

（2）利用通道创建选区。

3.3　任务实施

步骤 1　将人物载入选区

（1）打开本书网络资源中的"素材 \ 项目六 \6-3-1.jpg"素材文件，如图 6-3-1 所示。

（2）打开"通道"面板，分别选中红色通道、绿色通道和蓝色通道，如图 6-3-3 至图 6-3-5 所示。

图 6-3-3　红色通道

图 6-3-4　绿色通道

图 6-3-5　蓝色通道

（3）通过红色通道、绿色通道、蓝色通道三个通道的对比发现，蓝色通道中人物轮廓与背景的黑白对比最强烈，所以将蓝色通道进行复制得到蓝色通道副本。

（4）在蓝色通道副本中，选择菜单栏中的【图像】→【调整】→【色阶】命令，弹出"色阶"对话框，其参数设置如图 6-3-6 所示，单击"确定"按钮，完成蓝色通道副本的色阶调整。

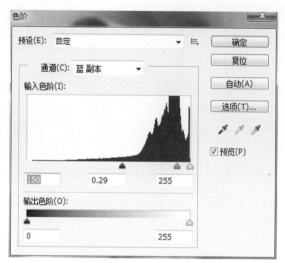

图 6-3-6　"色阶"对话框

提示：透明婚纱部分的灰度要适中。

（5）选择工具箱中的磁性套索工具"[图]"，并将羽化值设置为 2 个像素，拖动鼠标指针将人物外轮廓载入选区，选择菜单栏中的【选择】→【反向】命令，用画笔工具"[图]"将选区内涂成黑色，如图 6-3-7 所示。

图 6-3-7　填充黑色后的效果

（6）选择菜单栏中的【选择】→【反向】命令，在工具箱中选择多边形套索工具"[图]"，并在属性栏中单击从选区减去"[图]"按钮，其效果如图 6-3-8 所示。

图 6-3-8　修改后的选区效果

（7）选择工具箱中的画笔工具"✐"，将选区内涂成白色，效果如图 6-3-9 所示。

图 6-3-9　选区内填充白色后的效果

（8）在"通道"面板中，单击下方的将通道作为选区"○"按钮，则白色部分被载入选区。

（9）在"通道"面板中，单击 RGB 复合通道，把人物载入选区，蓝色通道编辑完成。

步骤 2　将人物合成到要求的灰色背景中

（1）打开本书网络资料中的"素材\项目六\6-3-10.jpg"素材文件，如图 6-3-10 所示。

图 6-3-10　背景图片

（2）选择工具箱中的移动工具"⊹"，将载入选区中的人物拖拽到图 6-3-10 中，其效果如图 6-3-2 所示。

3.4　任务小结

本任务主要是通过通道做选区，在通道中颜色分为黑、白、灰三个层次，其中白色区域是完全载入选区的内容，黑色区域是完全在选区以外，难把握的部分是透明区域，其灰度设置要适中。

项目七 滤镜应用

滤镜是 Photoshop CS6 中重要的图像表现工具，是特色工具之一。图像处理中各种光怪陆离、千变万化的特殊效果，都可以通过滤镜来实现。本项目通过制作绚丽背景、制作节日烟花和制作水墨图片三个具有代表性任务的完成，使读者加深对滤镜知识的学习与掌握。

【能力目标】

- 能了解不同滤镜的使用效果
- 能熟练掌握滤镜的使用方法
- 能运用滤镜打造漂亮的光影效果

任务一 制作绚丽背景

1.1 任务描述

某客户要求运用 Photoshop CS6 中的各种滤镜效果，制作一张绚丽背景图，最终效果如图 7-1-1 所示，项目经理要求你快速完成此任务。

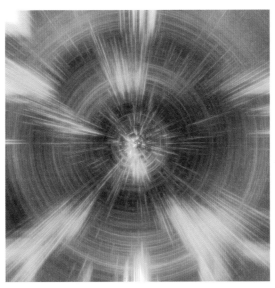

图 7-1-1 最终效果图

1.2 任务分析

完成此任务,需要运用"滤镜"菜单下的各种命令对图像进行效果处理,得到最终效果。

知识点:

(1)"云彩"和"分层云彩"命令。
(2)"铜版雕刻"命令。
(3)"径向模糊"和"高斯模糊"命令。

1.3 任务实施

步骤1 制作云彩效果

(1)启动 Photoshop CS6,打开"新建"对话框,新建一个"绚丽背景"图形文件,参数设置如图 7-1-2 所示。

图 7-1-2 新建文件

(2)使用默认前景色和背景色,选择菜单栏中的【滤镜】→【渲染】→【云彩】命令。
(3)然后再选择菜单栏中的【滤镜】→【渲染】→【分层云彩】命令,得到如图 7-1-3 的效果。

小知识:渲染滤镜

渲染滤镜能使图像产生三维造型效果或光线照射效果。

(1)云彩

该滤镜是唯一能在空白透明层上工作的滤镜。它不使用图像现有像素进行计算,而是使用前景色和背景色计算。使用云彩滤镜可以制作出天空、云彩、烟雾等效果。

(2)分层云彩

该滤镜可以使用前景色和背景色对图像中的原有像素进行差异运算,产生的图像与云彩背景混合并反白,最终产生朦胧的效果。

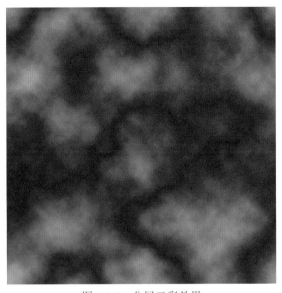

图 7-1-3　分层云彩效果

步骤 2　制作铜版雕刻效果

选择菜单栏中的【滤镜】→【像素化】→【铜版雕刻】命令，打开"铜版雕刻"对话框，如图 7-1-4 所示，其中"类型"选择"中等点"，得到的效果如图 7-1-5 所示。

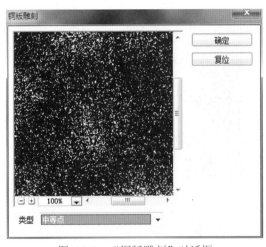

图 7-1-4　"铜版雕刻"对话框

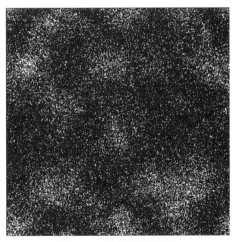

图 7-1-5　铜版雕刻效果

小知识：像素化滤镜

（1）像素化滤镜主要用于将图像进行不同程度的分块处理，使图像分解成肉眼可见的像素颗粒，如方形、不规则多边形和点状等，视觉上看就是图像被转换成由不同色块组成的图像。

（2）铜版雕刻：该滤镜能够使指定的点、线条和笔画重画图像，产生版刻画的效果，也能模拟出金属版画的效果。正因为如此，它还被称为"金属版画"滤镜。"铜版雕刻"对话框如图 7-1-4 所示。对话框中的"类型"下拉列表中包括以下多种选项：

精细点：由小方块构成，方块的颜色根据图像颜色确定，具有随机性。

中等点：由小方块构成，但是没有那么精细。

粒状点：由小方块构成，由于颜色的不同所以产生粒状点。

粗网点：执行完粗网点，图像表面会变得很粗糙。

短线：纹理由水平的线条构成。

中长直线：纹理由水平的线条构成，但是线长稍长一些。

长线：纹理由水平的线条构成，但是线长会更长一些。

短描边：水平的线条会变得稍短一些，且不规则。

中长描边：水平的线条会变得中长一些。

长边：水平的线条会变得更长一些。

步骤3　制作模糊效果

（1）在"图层"面板中，将"背景"图层复制到"背景副本"图层，选择菜单栏中的【滤镜】→【模糊】→【径向模糊】命令，参数设置如图 7-1-6 所示，单击"确定"按钮，得到的效果如图 7-1-7 所示。

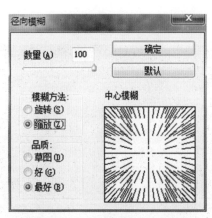

图 7-1-6　"径向模糊"对话框

图 7-1-7　径向模糊效果

小知识：径向模糊

该滤镜可以产生具有辐射性模糊的效果，即模拟相机前后移动或旋转产生的模糊效果。

（1）模糊方法

旋转：使当前图像产生中心旋转式的模糊效果，模仿漩涡的质感。

缩放：使当前图像产生缩放的模糊效果，可以产生动感的效果。

（2）品质

草图：模糊的效果一般。

好：模糊的效果较好。

最好：模糊的效果特别得好。

（2）选择"背景"图层为当前图层，选择菜单栏中的【滤镜】→【模糊】→【径向模糊】命令，打开"径向模糊"对话框，参数设置如图7-1-8所示，得到的图像效果如图7-1-9所示。

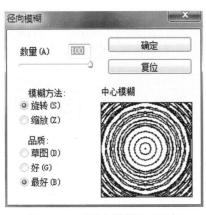

图 7-1-8 "径向模糊"对话框

图 7-1-9 径向模糊效果

（3）在"图层"面板中，选中"背景副本"图层，将"图层混合模式"设置为"变亮"，得到如图7-1-10所示的效果。

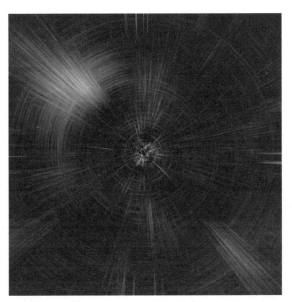

图 7-1-10 图层混合模式效果

（4）在"图层"面板中，将"背景副本"图层复制得到"背景副本2"图层，选择菜单栏中的【滤镜】→【模糊】→【高斯模糊】命令，打开"高期模糊"对话框，如图7-1-11所示。在对话框中设置模糊半径为"7.8像素"，单击"确定"按钮，得到效果如图7-1-12所示。

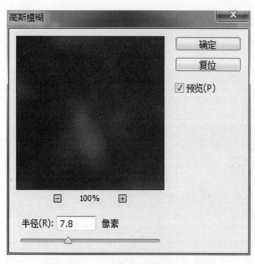

图 7-1-11 "高斯模糊"对话框

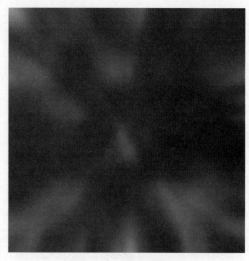

图 7-1-12 高斯模糊效果

小知识：高斯模糊

该滤镜可根据数值快速地模糊图像，产生很好的朦胧效果。

选择菜单栏中的【滤镜】→【模糊】→【高斯模糊】命令，打开"高期模糊"对话框，如图 7-1-11 所示。拖动对话框底部的三角滑块可以对当前图像模糊的程度进行调整，还可以直接在"半径"文本框中输入数值进行调整。

（5）将"图层混合模式"设置为"颜色减淡"，得到效果如图 7-1-13 所示。

（6）将所有图层合并，然后复制合并后的图层，选择【滤镜】→【模糊】→【高斯模糊】命令，在打开的对话框中设置模糊半径为"2.1 像素"，单击"确定"按钮，得到效果如图 7-1-14 所示。

图 7-1-13 图层混合模式效果

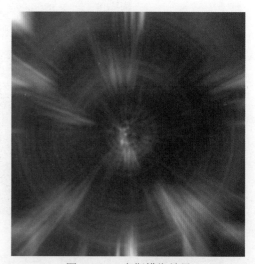

图 7-1-14 高斯模糊效果

（7）将"图层混合模式"改为"变亮"，得到效果如图 7-1-15 所示。

图 7-1-15　图层混合模式效果

步骤4　添加彩色效果

（1）在"图层"面板底部选择建立调整图层""按钮，在弹出的快捷菜单中选择"色相/饱和度"命令，"图层"面板改变为如图 7-1-16 所示的调整图层。

（2）在弹出的"色相/饱和度"面板中，设置参数，如图 7-1-17 所示。

图 7-1-16　建立调整图层

图 7-1-17　"色相/饱和度"面板

（3）得到最终效果图，如图 7-1-1 所示。

1.4 任务小结

本任务系统地讲解了"滤镜"菜单下的"云彩""分层云彩""铜版雕刻""径向模糊"和"高斯模糊"等命令对图像效果的调整方法，还讲解了建立调整图层以及对图像进行色彩调整的方法和技巧。通过完成本任务，读者能够熟练地掌握和应用这些命令。

任务二 制作节日烟花

2.1 任务描述

某客户要求制作一个节日烟花效果的宣传海报，效果如图 7-2-1 所示。项目经理希望你能快速地设计完成。

图 7-2-1 最终效果图

2.2 任务分析

完成此任务，首先新建文件，然后填充渐变背景和绘制烟花图形，最后对图像进行调整以得到最终效果。

知识点：

（1）"极坐标"命令的应用。
（2）"风"命令的应用。

2.3 任务实施

步骤 1 制作烟花效果

（1）启动 Photoshop CS6，打开"新建"对话框，建立"节日烟花效果"图形文件，参数设置如图 7-2-2 所示。

（2）选择工具箱中的"渐变工具"，在其属性栏中单击"渐变编辑器"按钮，打开"渐变编辑器"对话框，颜色设置如图 7-2-3 所示。

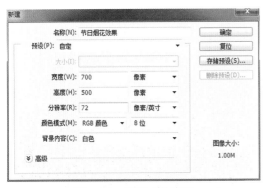

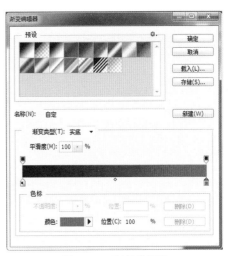

图 7-2-2　新建文件窗口　　　　　　　　　图 7-2-3　渐变编辑器

（3）按住 Shift 键，用鼠标指针从下往下拖动，填充效果如图 7-2-4 所示。

（4）新建图层 1，设置前景色为白色，在属性栏中选择画笔形状及大小，如图 7-2-5 所示。

图 7-2-4　渐变填充　　　　　　　　　　　图 7-2-5　画笔设置

（5）使用定义好的画笔绘制烟花的形状，效果如图 7-2-6 所示。

图 7-2-6　绘制烟花效果

（6）选择菜单栏中的【滤镜】→【扭曲】→【极坐标】命令，打开"极坐标"对话框，如图 7-2-7 所示。在"极坐标"对话框中选择"极坐标到平面坐标"单选按钮，单击"确定"按钮，得到效果如图 7-2-8 所示。

图 7-2-7　"极坐标"对话框　　　　　　图 7-2-8　极坐标效果

小知识：极坐标

该滤镜的工作原理是重新绘制图像中的像素，使它们从直角坐标系转换成极坐标系，或者从极坐标系转换到直角坐标系。

选择菜单栏中的【滤镜】→【扭曲】→【极坐标】命令，打开"极坐标"对话框，如图 7-2-7 所示。在对话框中选择"平面坐标到极坐标"单选按钮，使图像以中间位置为中心点进行极坐标旋转；选择"极坐标到平面坐标"单选按钮，使图像以底部位置为中心进行旋转。

（7）选择菜单栏中的【图像】→【旋转画布】→【90度(顺时针)】命令，得到如图 7-2-9 所示的效果。

图 7-2-9　旋转画布效果

（8）选择菜单栏中的【滤镜】→【风格化】→【风（从左）】命令，打开"风"对话框，如图7-2-10所示，单击"好"按钮，得到效果如图7-2-11所示。根据图像效果可多执行几次。

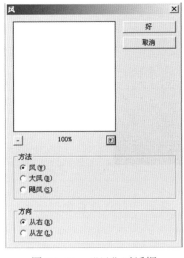

图7-2-10　"风"对话框

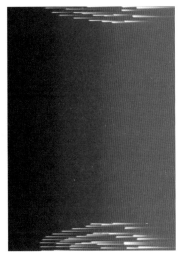

图7-2-11　风效果

小知识：风

该滤镜在图像中创建水平线以模拟风的动感效果，它是制作纹理或为文字添加阴影效果时常用的滤镜工具。

在菜单栏中选择【滤镜】→【风格化】→【风（从左）】命令，打开"风"对话框，如图7-2-10所示，在"风"对话框中可以完成以下设置。

（1）方法

风：选择此单选按钮，产生一般风的效果。

大风：选择此单选按钮，产生强风的效果。

飓风：选择此单选按钮，产生飓风的效果，一般情况不选择此选项。

（2）方向

从右：调整风的方向为从右往左吹。

从左：调整风的方向为从左往右吹。

（9）选择菜单栏中的【图像】→【旋转画布】→【90度（逆时针）】命令，效果如图7-2-12所示。

图7-2-12　旋转画布效果

（10）选择菜单栏中的【滤镜】→【扭曲】→【极坐标 (平面坐标到极坐标)】命令，产生如图 7-2-13 所示的效果。

图 7-2-13　极坐标效果

（11）给图层添加"图层样式"中的"外发光"效果。参数设置如图 7-2-14 所示，得到效果如图 7-2-15 所示。

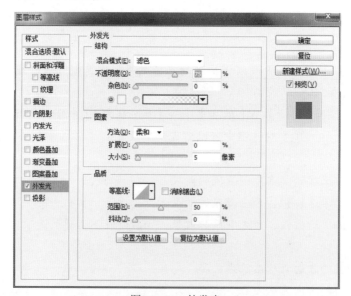

图 7-2-14　外发光

图 7-2-15　外发光效果

（12）按 Ctrl+J 组合键三次，复制出三个图层 1 副本，并分别对每个图层的图形进行自由变换，并设置"外发光"效果，得到效果如图 7-2-16 所示。

图 7-2-16　发光效果

步骤 2　制作"2018"文字效果

（1）新建"图层 2"，设置前景色为白色，在属性栏中选择画笔形状及大小，如图 7-2-17 所示。

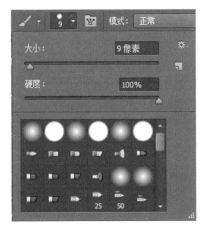

图 7-2-17　画笔设置

（2）使用定义好的画笔绘制"2018"的形状，得到如图 7-2-18 所示的效果。

图 7-2-18　绘制效果

（3）重复步骤1中的第6～第10步操作，得到如图7-2-19所示的效果。

图 7-2-19　发光效果

步骤3　制作彩色效果

（1）勾选"图层样式"对话框中的"渐变叠加"复选框，参数设置如图7-2-20所示。

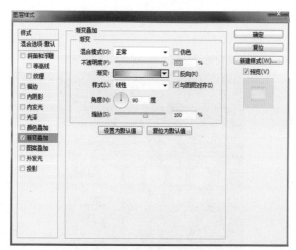

图 7-2-20　渐变叠加

（2）单击"确定"按钮，得到最终效果，如图7-2-1所示。

2.4　任务小结

本任务系统地讲解了"滤镜"菜单下的"极坐标"和"风"命令，并使读者对"图层样式"有了更深的理解。通过完成本任务，读者能够熟练掌握这些命令的使用方法和技巧。

任务三　制作水墨图片

3.1　任务描述

公司接到一个客户的任务单，任务单要求把一张风景图片处理成诗情画意的水墨图片，原风景图片如图 7-3-1 所示，处理后的效果如图 7-3-2 所示。客户需要你快速地完成任务。

图 7-3-1　风景图片

图 7-3-2　最终效果图

3.2　任务分析

完成此任务，首先打开原始图片，然后对其进行去色处理，使其变为黑白图片，接着调整"亮度/对比度"，增强图像的明暗程度，最后进行模糊、添加杂色等处理，以达到最终效果。

知识点：

（1）"曲线""亮度/对比度"和"去色"命令。

（2）"特殊模糊""杂色"和"风格化"命令。

（3）"叠加"和"正片叠底"命令。

3.3 任务实施

步骤 1 去色

（1）启动 Photoshop CS6，打开本书网络资源中的"素材\项目七\图 7-3-1.jpg"素材文件，如图 7-3-1 所示。

（2）在"图层"面板中，连续按 Ctrl+J 组合键三次，复制 3 个图层，如图 7-3-3 所示。

图 7-3-3　复制图层

（3）选中"图层 1"，选择菜单栏中的【图像】→【调整】→【去色】命令，得到的效果如图 7-3-4 所示。

图 7-3-4　去色效果

步骤 2 对图像进行特殊模糊效果

（1）选择菜单栏中的【图像】→【调整】→【亮度/对比度】命令，打开"亮度/对比度"

对话框，如图 7-3-5 所示，并按图示进行参数设置，单击"确定"按钮，得到的效果如图
7-3-6 所示。

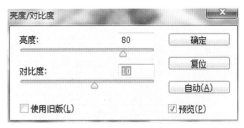

图 7-3-5　亮度 / 对比度

图 7-3-6　亮度 / 对比度效果

（2）选择菜单栏中的【滤镜】→【模糊】→【特殊模糊】命令，打开"特殊模糊"
对话框，如图 7-3-7 所示，并按图示进行参数设置，单击"确定"按钮，得到的效果如图
7-3-8 所示。

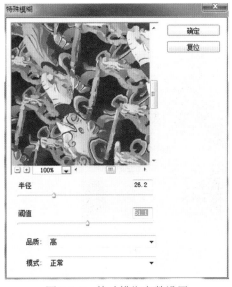

图 7-3-7　特殊模糊参数设置

图 7-3-8　特殊模糊效果

小知识：特殊模糊

（1）特殊模糊滤镜能找出图像的边缘并对边界线以内的区域进行模糊处理。它的优点是在模糊图像的同时仍使图像具有清晰的边界，有助于去除图像色调中的颗粒、杂色。

（2）选择菜单栏中的【滤镜】→【模糊】→【特殊模糊】命令，打开"特殊模糊"对话框，如图 7-3-7 所示，对话框中各选项意义如下：

半径：以半径值进行模糊。半径越大，模糊效果越强。

阈值：调整当前图像的模糊范围。阈值越大，模糊范围越大。

品质：品质有低、中、高三个选项。低是指模糊的质量稍低一些；中是指模糊的质量为中间值；高是指模糊的质量特别高。

模式：模式有正常、边缘优先和叠加边缘三种。正常是指默认的模糊模式；边缘优先是指只保留图像边缘，其他变为黑色，以突出边缘；叠加边缘是指把当前图像一些纹理的边缘变为白色，突出图像的黑白对比关系。

（3）选择菜单栏中的【滤镜】→【模糊】→【高斯模糊】命令，打开"高斯模糊"对话框，如图 7-3-9 所示，并按图示进行参数设置，最后单击"确定"按钮。

图 7-3-9　高斯模糊参数设置

（4）选择菜单栏中的【滤镜】→【杂色】→【中间值】命令，打开"中间值"对话框，如图 7-3-10 所示，并按图示进行参数设置，单击"确定"按钮，得到的效果如图 7-3-11 所示。

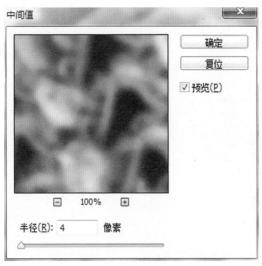

图 7-3-10　"中间值"对话框

图 7-3-11　中间值效果

小知识：杂色滤镜

（1）杂色滤镜可以给图像添加一些随机产生的干扰颗粒，也就是杂色点（又称为"噪声"），也可以淡化图像中某些干扰颗粒的影响。

（2）选择菜单栏中的【滤镜】→【杂色】命令，打开"杂色"级联菜单，如图 7-3-12 所示。

（3）"杂色"滤镜有减少杂色、蒙尘与划痕、去斑、添加杂色和中间值五种，其中"中间值"滤镜也是一种用于去除杂色点的滤镜，可以减少图像中杂色的干扰。通过拖动"中间值"对话框底部的三角滑块或直接输入数值进行设置。数值越大，图像变得越模糊、越柔和。

图 7-3-12 "杂色"级联菜单

（5）选中"图层 1 副本"，选择菜单栏中的【图像】→【调整】→【去色】命令，得到的效果如图 7-3-13 所示。

图 7-3-13 去色效果

（6）选择菜单栏中的【图像】→【调整】→【亮度 / 对比度】命令，打开"亮度 / 对比度"对话框，如图 7-3-14 所示，并按图示设置参数，最后单击"确定"按钮。

（7）选择菜单栏中的【滤镜】→【风格化】→【查找边缘】命令，得到的效果如图 7-3-15 所示。

图 7-3-14　亮度 / 对比度

图 7-3-15　查找边缘效果

小知识：风格化滤镜

（1）风格化滤镜是通过置换像素和查找并增加图像的对比度，在选区中生成绘画或印象派的效果。它是完全模拟真实艺术手法进行创作的。

（2）选择菜单栏中的【滤镜】→【风格化】命令，打开"风格化"级联菜单，如图7-3-16所示。

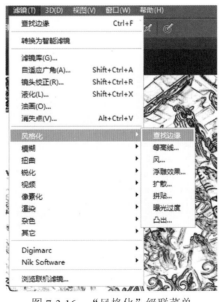

图 7-3-16　"风格化"级联菜单

（3）风格化滤镜有查找边缘、等高线、风、浮雕效果、扩散、拼贴、曝光过度、凸出八种。各种滤镜意义如下：

查找边缘：用于标识图像中有明显过渡的区域并强调边缘。与等高线滤镜一样，查找边缘滤境在白色背景上用深色线条勾画图像的边缘，对于在图像周围创建边框非常有用。

等高线：用于查找主要亮度区域的过渡，并对每个颜色通道用细线勾画它们，得到与等高线图中的线相似的结果。

风：用于在图像中创建细小的水平线以及模拟刮风（具有风、大风、飓风等）的效果。

浮雕效果：通过将选区的填充色转换为灰色，并用原填充色描画边缘，从而使选区显得凸起或压低。

扩散：根据选中的选项搅乱选区中的像素，使选区显得不聚焦，有一种溶解一样的扩散效果，当对象是字体时，该效果呈现在边缘。

拼贴：将图像分解为一系列拼贴（像瓷砖方块）并使每个拼贴上都含有部分图像。

曝光过度：混合正片和负片图像，与在冲洗过程中将照片简单地曝光以加亮相似。

凸出：可以将图像转化为三维立方体或锥体，以此来改变图像或生成特殊的三维背景效果。

（8）选择菜单栏中的【图像】→【调整】→【曲线】命令，打开"曲线"对话框，如图 7-3-17 所示，并按图示设置参数，单击"确定"按钮，得到的效果如图 7-3-18 所示。

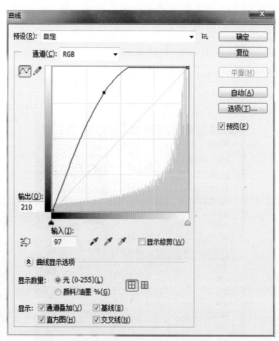

图 7-3-17　"曲线"对话框

（9）选择菜单栏中的【滤镜】→【模糊】→【高斯模糊】命令，打开"高斯模糊"对话框，如图 7-3-19 所示，并按图示设置参数，最后单击"确定"按钮。

（10）将"图层"面板中的"模式"改为"正片叠底"，得到的效果如图 7-3-20 所示。

图 7-3-18　曲线效果

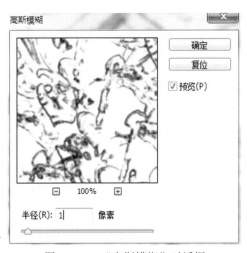

图 7-3-19　"高斯模糊"对话框

图 7-3-20　图层模式效果

项目七

滤镜应用

（11）选中"图层1副本2"，选择菜单栏中的【图像】→【调整】→【去色】命令，得到的效果如图7-3-21所示。

图7-3-21　去色效果

（12）选择菜单栏中的【图像】→【调整】→【亮度/对比度】命令，打开"亮度/对比度"对话框，如图7-3-22所示，并按图示设置参数，最后单击"确定"按钮。

（13）选择菜单栏中的【图像】→【调整】→【曲线】命令，打开"曲线"对话框，如图7-3-23所示，并按图示设置参数，最后单击"确定"按钮。

图7-3-22　"亮度/对比度"对话框

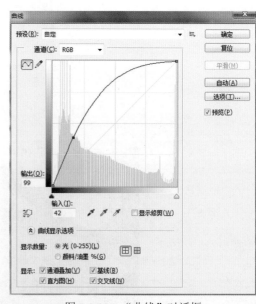

图7-3-23　"曲线"对话框

（14）选择菜单栏中的【滤镜】→【模糊】→【特殊模糊】命令，打开"特殊模糊"对话框，如图7-3-24所示，并按图示设置参数，单击"确定"按钮，得到的效果如图7-3-25所示。

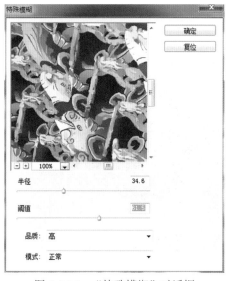

图 7-3-24   "特殊模糊"对话框

图 7-3-25   特殊模糊效果

（15）选择菜单栏中的【滤镜】→【模糊】→【高斯模糊】命令，打开"高斯模糊"对话框，如图 7-3-26 所示，并按图示设置参数，最后单击"确定"按钮。

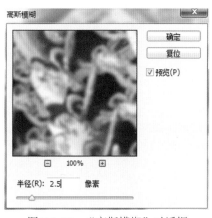

图 7-3-26   "高斯模糊"对话框

（16）将"图层1副本2"的图层模式改为"叠加"，得到的效果如图7-3-27所示。

图7-3-27　叠加后效果

（17）交换"图层1副本"和"图层1副本2"的位置，如图7-3-28所示，效果如图7-3-2所示，得到最终水墨画效果。

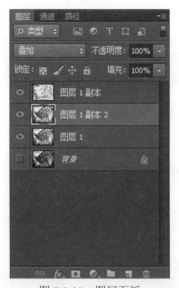

图7-3-28　图层面板

3.4　任务小结

本任务系统地讲解了"滤镜"菜单下的"模糊""杂色"和"风格化"等滤镜命令，并结合"图像"菜单下"调整"中的"去色""曲线""亮度/对比度"等命令和综合运用图层模式，对图像进行编辑处理，最终得到了富有诗情画意的水墨画。

项目八　综合实例制作

本项目主要通过运用 Photoshop CS6 来完成糖果包装设计这个具有代表性的实际工作任务，以提高软件的综合运用水平和艺术审美能力。

【能力目标】

- 综合运用各种工具完成实际工作任务
- 掌握包装设计原则与技巧

任务一　糖果包装设计

1.1　任务描述

某艺术设计工作室接到一个任务，要求根据客户提供的素材资料，为其新产品"泡泡糖"休闲食品设计包装。

1.2　任务分析

根据提供的素材和与客户的沟通，了解到该产品的主要消费群体为儿童，因此在设计时除满足客户的整体要求外，还要在版面上赋予儿童食品的天真活泼气氛，才会对消费群体有吸引力。通过以上分析，构思出该包装的立体效果如图 8-1-1 所示。

图 8-1-1　包装的立体效果

制作步骤为：首先制作包装的正面效果，然后制作包装的背面效果，最后把平面效果制作成立体效果。其中包装袋中的文字特效制作是设计的重点。简单来说，主要分以下几步完成任务：

（1）包装设计的定位。

（2）包装设计的色彩、文字和版式制作。

（3）包装设计的立体制作。

1.3　任务实施

步骤 1　制作包装

（1）按如图 8-1-2 所示的参数，新建一个"泡泡糖"图形文件。

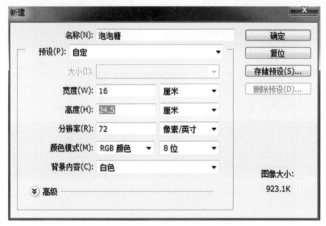

图 8-1-2　新建文件

（2）设置前景色为灰色（C：0；M：0；Y：0；K：25），按 Alt+Delete 组合键填充当前图层颜色。

（3）按 Ctrl+R 组合键显示标尺，在标尺上拖拽鼠标指针创建"辅助线"，作为包装袋上的"压边线"。

小知识：压边线

（1）压边线的作用：主要是规范包装袋的封口位置。

（2）一般双边封包装袋左右两边压边各 0.5 厘米，上压边 4 厘米，下压边 2 厘米，根据这些参数拖出辅助线。包装是双边封的，因此正背面应分开独立制作。因为正面开透明视窗，所以正面是用普通膜印刷，设计时要考虑到这一点。

（4）新建图层 1，将前景色设置为黄色（C：0；M：30；Y：100；K：0）。选择"渐变工具"，打开"渐变编辑器"窗口，选择渐变类型为"前景到透明"，在图形的上下各拉出两道渐变色，效果如图 8-1-3 所示，中间的空白处为透明。

（5）新建图层 2，将前景色设置为白色。选择"画笔工具"，按 F5 键弹出"画笔"面板，在面板中选择笔触类型，调整大小，在画面上方随意喷几个白点，效果如图 8-1-4 所示。按 M 键切换到"矩形选框工具"，并将几个白点圈选为选区。

图 8-1-3　应用渐变

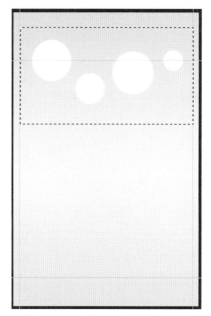
图 8-1-4　喷绘白点并圈选为选区

　　小提示：圈选白点的原因是为了让接下来的操作只在所选区域里进行，选取区域的大小直接影响操作效果。

　　（6）选择菜单栏中的【滤镜】→【扭曲】→【旋转扭曲】命令，在弹出的"旋转扭曲"对话框中设置参数，如图 8-1-5 所示，设置完后单击"确定"按钮。然后按 Ctrl+D 组合键取消选区，完成的"旋转的奶油"效果如图 8-1-6 所示。

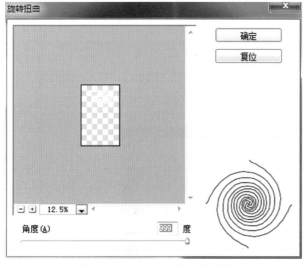
图 8-1-5　"旋转扭曲"对话框

图 8-1-6　"旋转的奶油"效果

　　（7）选择菜单栏中的【滤镜】→【模糊】→【高斯模糊】命令，在弹出的"高斯模糊"对话框中设置参数，如图 8-1-7 所示。单击"确定"按钮，得到的效果如图 8-1-8 所示。

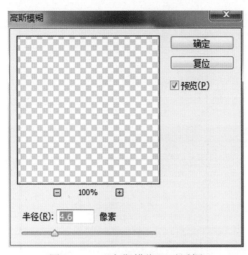

图 8-1-7 "高斯模糊"对话框

图 8-1-8 高斯模糊效果

（8）输入文字"泡泡糖"并调整大小，得到的效果如图 8-1-9 所示。

图 8-1-9 文字效果

（9）在"图层"面板中按住 Ctrl 键，单击"泡泡糖"图层，将"跳跳豆"载入选区，把前景色设置为绿色（C：60；M：0；Y：100；K：0），按 Alt+Delete 组合键填充颜色到"跳跳豆"文字选区。按 Ctrl+T 组合键调整图像大小，得到的效果如图 8-1-10 所示。

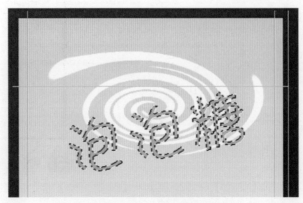

图 8-1-10 填充色彩

（10）双击文字图层，在弹出的"图层样式"对话框中勾选"描边"复选框，参数设置如图8-1-11所示。单击"确定"按钮，得到的效果如图8-1-12所示。

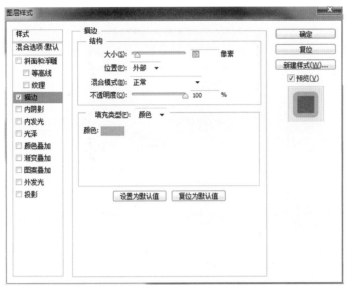

图8-1-11 描边样式参数设置

图8-1-12 描边效果

（11）新建图层4，使用钢笔工具勾画出字体高光路径，并载入选区。单击"渐变工具"按钮，在选区中拖拽出"从白色到透明色"的渐变效果，如图8-1-13所示。按同样的方法继续进行调整，得到的最后效果如图8-1-14所示。

图8-1-13 渐变效果

图8-1-14 品牌的最后效果

（12）打开本书网络资源中的"素材\项目八\绿色卡通娃娃.psd"素材文件，将"绿色卡通娃娃.psd"文件拖拽到"泡泡糖"文件中，调整其大小和位置，得到的效果如图8-1-15所示。

图 8-1-15　添加卡通效果

（13）单击"横排文字工具"按钮，在包装版面中分别输入"西瓜口味"文本图层，字体、字号大小自定。

（14）为字体添加白色"描边"效果，参数设置如图8-1-16所示。

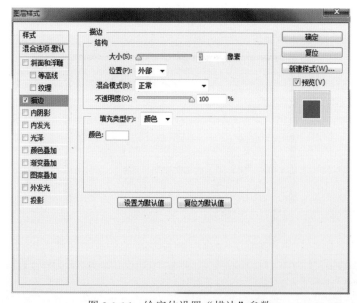

图 8-1-16　给字体设置"描边"参数

　　小提示：由于每台计算机安装的字体有所不同，读者在自己制作案例的字体选择上可能会跟本案例有区别。所以，对于选择字体，读者可根据自己的想法和爱好而定，但最终设计效果要合理。

　　从目前的图形和文字排版来看，感觉有点凌乱。所以，接下来要在图形和文字上填充一个白色色块，以增强版面的层次感。

　　（15）新建图层6，设置前景色为白色，运用"钢笔工具"环绕图形、文字绘制路径，如图8-1-17所示。闭合路径后载入选区，将选区填充为白色，并置于图层2上方，效果如图8-1-18所示。

图 8-1-17　绘制"背景白底"选区

图 8-1-18　填充"背景白底"选区

（16）新建图层 7，单击"圆角矩形工具"按钮，将属性栏中的圆角半径设置为 80 像素。首先，在包装的最下方绘制圆角矩形，按 Ctrl+Enter 组合键将其转为选区，填充为白色，并将图层的不透明度设置为 80%，效果如图 8-1-19 所示。

（17）输入"制造商：荆州市泡泡糖食品有限公司"字样，并执行"描边"命令，为文字添加白色描边，效果如图 8-1-20 所示。

图 8-1-19　调整选区透明度

制造商：荆州市泡泡糖食品有限公司

图 8-1-20　为厂商名称添加描边

（18）包装正面完成效果如图 8-1-21 所示。

图 8-1-21　包装正面完成效果

（19）单击"图层"面板中最上面图层，按 Ctrl+E 组合键合并图层，将除背景层以外的所有可见图层合并。

（20）按 Ctrl+S 组合键存储该文件为"泡泡糖正面 .jpg"。

步骤 2　制作包装袋的立体效果

（1）新建一个文件，设置宽度为"18 厘米"，高度为"26.5 厘米"，分辨率为"300像素 / 英寸"，色彩模式为"RGB 模式"，背景为"白色"。

（2）将"泡泡糖正面 .jpg"文件运用"移动工具"拖拽到当前文件中，自动生成图层 1。

（3）新建图层 2，载入图层 1 选区，单击"渐变工具"按钮，打开"渐变编辑器"窗口，在位置 0 处、40 处、85 处和 100 处分别设置参数，如图 8-1-22 所示，把渐变色设置为"浅灰－白－深灰－白"，设置完成后在页面中由上至下拖拽，填充渐变颜色。

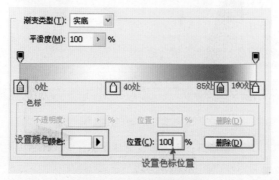

图 8-1-22　渐变参数设置

（4）按 Ctrl+T 组合键，调整图层 2 大小，效果如图 8-1-23 所示。

图 8-1-23　制作白色铝膜

注意：首先，一般双边袋在包装完成后四周都会露出白色铝膜，露出白色铝膜的作用在于加强版面的视觉效果，使成品包装的展示效果更加醒目；其次，露出白色铝膜的位置正好是包装封边的缓冲区，在加热封边时不至于将画面封压过多而破坏版面。

（5）选择"椭圆选框工具"，在包装顶端封口处绘制圆孔，按 Delete 键将圆孔删除。

（6）按 Ctrl+T 组合键，将包装正面旋转，效果如图 8-1-24 所示。

图 8-1-24　旋转包装正面效果

（7）选择图层，单击"添加图层样式"按钮，在弹出"图层样式"对话框中勾选"投影"复选框，参数设置如图 8-1-25 所示，设置完成后单击"确定"按钮。最后得到如图 8-1-1 所示的立体效果。

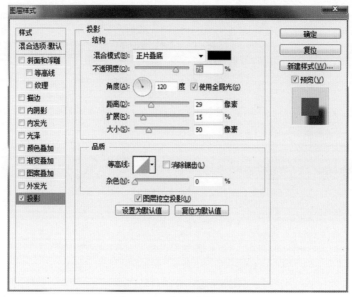

图 8-1-25　投影参数设置

1.4　任务小结

本任务详细介绍了"泡泡糖"袋式包装从定位到设计的方法，讲解了如何运用 Photoshop CS6 制作出完美的平面效果和立体效果。课后读者可利用所学知识，设计制作一款同类的包装。

附录 Photoshop CS6 常用快捷键

一、工具箱

【A】路径选择工具、直接选取工具

【B】画笔工具、铅笔工具

【C】裁剪工具

【D】默认前景色和背景色

【E】橡皮擦、背景橡皮擦、魔术橡皮擦工具

【G】渐变工具、油漆桶工具

【H】抓手工具

【I】吸管、颜色取样器、标尺工具

【L】套索、多边形套索、磁性套索工具

【M】矩形、椭圆选框工具

【N】写字板、声音注释

【O】减淡、加深、海棉工具

【P】钢笔、自由钢笔工具

【Q】切换标准模式和快速蒙版模式

【S】仿制图章、图案图章工具

【T】文字工具

【U】矩形、圆边矩形、椭圆、多边形、直线工具

【V】移动工具

【W】魔棒工具

【X】切换前景色和背景色

【Y】历史记录画笔工具、历史记录艺术画笔工具

【Z】缩放工具

【Ctrl】临时使用移动工具

【Alt】临时使用吸色工具

【空格】临时使用抓手工具

二、文件操作

【Ctrl】+【N】 新建图形文件

【Ctrl】+【O】 打开已有的图像

【Ctrl】+【Alt】+【O】 打开为 ......

【Ctrl】+【W】 关闭当前图像

【Ctrl】+【S】 保存当前图像

【Ctrl】+【Shift】+【S】 另存为 ......

【Ctrl】+【P】 打印

【Ctrl】+【Q】 退出 Photoshop CS6

三、编辑操作

【Ctrl】+【Z】 还原 / 重做前一步操作

【Ctrl】+【Alt】+【Z】 一步一步向前还原（默认可还原 20 步）

【Ctrl】+【Shift】+【Z】 一步一步向后重做

【Ctrl】+【T】 自由变换

四、图像调整

【Ctrl】+【L】 调整色阶

【Ctrl】+【Shift】+【L】 自动调整色阶

【Ctrl】+【Alt】+【Shift】+【L】 自动调整对比度

【Ctrl】+【M】 打开"曲线调整"对话框

【Ctrl】+【B】 打开"色彩平衡"对话框

【Ctrl】+【U】 打开"色相 / 饱和度"对话框

【Ctrl】+【Shift】+【U】 去色

【Ctrl】+【I】 反相

【Ctrl】+【Shift】+【X】 打开"液化（Liquify）"对话框

五、图层操作

【Ctrl】+【Shift】+【N】 通过对话框新建一个图层

【Ctrl】+【J】 通过复制建立一个图层（无对话框）

【Ctrl】+【G】 与前一图层编组

【Ctrl】+【Shift】+【G】 取消编组

【Ctrl】+【[】 将当前层下移一层

【Ctrl】+【]】 将当前层上移一层

【Ctrl】+【Shift】+【[】 将当前层移到最下面

【Ctrl】+【Shift】+【]】 将当前层移到最上面

【Alt】+【[】 激活下一个图层

【Alt】+【]】 激活上一个图层

【Shift】+【Alt】+【[】 激活底部图层

【Shift】+【Alt】+【]】 激活顶部图层

【Ctrl】+【E】 向下合并或合并链接图层

【Ctrl】+【Shift】+【E】 合并可见图层

【Ctrl】+【Alt】+【Shift】+【E】 盖印可见图层

六、选择功能

【Ctrl】+【A】 全部选择

【Ctrl】+【D】 取消选择

【Ctrl】+【Shift】+【D】 重新选择

【Ctrl】+【Alt】+【D】 羽化选择

【Ctrl】+【Shift】+【I】 反向选择

七、视图操作

【Ctrl】+【+】 放大视图

【Ctrl】+【-】 缩小视图

【Ctrl】+【0】 满画布显示

【Ctrl】+【Alt】+【0】 实际像素显示

【Ctrl】+【R】 显示 / 隐藏标尺

【Ctrl】+【Alt】+【;】 锁定参考线

【F6】 显示 / 隐藏 "颜色" 面板

【F7】 显示 / 隐藏 "图层" 面板

【F8】 显示 / 隐藏 "信息" 面板

【F9】 显示 / 隐藏 "动作" 面板

【Tab】 显示 / 隐藏所有命令面板

【Shift】+【Tab】 显示或隐藏工具箱以外的所有面板

【Ctrl】+【Shift】+【L】 左对齐或顶对齐

【Ctrl】+【Shift】+【C】 中对齐

【Ctrl】+【Shift】+【R】 右对齐或底对齐

【←】/【→】 左 / 右移动 1 个字符

【↑】/【↓】 下 / 上移动 1 行

【Ctrl】+【←】/【→】 左 / 右移动 1 个字

【Ctrl】+【Shift】+【<】 将所选文本的文字大小减小 2 点像素

【Ctrl】+【Shift】+【>】 将所选文本的文字大小增大 2 点像素

【Ctrl】+【Alt】+【Shift】+【<】 将所选文本的文字大小减小 10 点像素

【Ctrl】+【Alt】+【Shift】+【>】 将所选文本的文字大小增大 10 点像素

【Alt】+【↓】 将行距减小 2 点像素

【Alt】+【↑】 将行距增大 2 点像素

【Alt】+【←】 将字距微调或将字距减小 20/1000ems

【Alt】+【→】 将字距微调或将字距增加 20/1000ems

【Ctrl】+【Alt】+【←】 将字距微调或将字距减小 100/1000ems

【Ctrl】+【Alt】+【→】 将字距微调或将字距增加 100/1000ems